内蒙古自治区自然科学基金资助项目(2023QN04018);
2022年度内蒙古自治区本级事业单位引进高层次人才科研支持项目;
内蒙古自治区直属高校基本科研业务费项目(2023QNJS105)

管状埃洛石结构
优化及其应用

徐培杰　杜贝贝　著

U0315714

(彩图资源)

北 京

冶 金 工 业 出 版 社

2024

内 容 提 要

本书主要介绍了管状埃洛石的结构优化及其在电化学领域的应用，具体内容为管状埃洛石的矿物学特征、定向膜的离子传输特性，以及管状埃洛石保护性涂层、正极材料、电解质复合材料的制备与电化学性能研究。本书对深层次、高值化利用我国管状埃洛石资源，发展廉价、高效、安全锌离子电池均具有重要的理论及实际应用价值。

本书可供黏土矿物加工及利用、电化学储能等领域的科技人员及高等院校师生参考。

图书在版编目（CIP）数据

管状埃洛石结构优化及其应用/徐培杰，杜贝贝著 . —北京：冶金工业出版社，2024.3

ISBN 978-7-5024-9803-0

Ⅰ. ①管…　Ⅱ. ①徐…　②杜…　Ⅲ. ①多水高岭石—矿物—研究　Ⅳ. ①P578. 965

中国国家版本馆 CIP 数据核字（2024）第 059656 号

管状埃洛石结构优化及其应用

出版发行	冶金工业出版社	电　话	(010)64027926
地　址	北京市东城区嵩祝院北巷 39 号	邮　编	100009
网　址	www. mip1953. com	电子信箱	service@ mip1953. com

责任编辑　卢　敏　李泓璇　美术编辑　吕欣童　版式设计　郑小利
责任校对　梅雨晴　责任印制　禹　蕊
三河市双峰印刷装订有限公司印刷
2024 年 3 月第 1 版，2024 年 3 月第 1 次印刷
710mm×1000mm　1/16；8 印张；156 千字；120 页
定价 **79. 00** 元

投稿电话　(010)64027932　投稿信箱　tougao@ cnmip. com. cn
营销中心电话　(010)64044283
冶金工业出版社天猫旗舰店　yjgycbs. tmall. com
（本书如有印装质量问题，本社营销中心负责退换）

前　言

　　管状埃洛石是结构和化学组成最独特的纳米级管状黏土矿物。其作为新兴的天然一维管状纳米材料，现已被广泛地应用于陶瓷、缓释、纳米反应器、载体、吸附、填料、模板、催化剂、能源和纳米科学等领域。管状埃洛石具有较大的长径比和中空管状结构，内外表面具有大量的基团和不同的化学性质、优异的机械强度、丰富的储量、低成本且高安全性。通过不同的修饰方法对管状埃洛石进行结构调控是丰富其应用的重要手段，是改善管状埃洛石与其他材料之间相互作用的有效途径，是赋予管状埃洛石特定功能的有力措施。管状埃洛石内外表面不同的带电性利于离子传输和电化学反应，深度挖掘和有效利用其结构和表面特性并将其应用于电化学储能系统具有实际的理论价值和科学意义，以期在解决能源危机方面发挥一定的作用。

　　水系锌离子电池具有成本低、材料环保、高能量密度、安全等特性，是"后锂电时代"极具前景的替代储能设备，然而由于高容量正极材料缺乏、电解液不匹配、锌枝晶生长的制约，锌离子电池存在容量衰退、使用寿命短、可逆性差等问题。锌离子在电池内部的传质速率，直接影响电池电化学反应效率，进而影响电池的容量、充放电速率及循环性能。提升锌离子电池性能的关键在于提高锌离子在电池内部的传输效率。管状埃洛石因其独特的中空管状结构，对离子有较强的交换和吸附能力，在电池领域备受瞩目。将管状埃洛石引入电池体系提高离子传输效率是提升电池性能的有效手段之一。

　　管状埃洛石的内腔是典型的纳米受限空间，拥有较高的比表面积，能够有效吸附金属离子。管状埃洛石负电性外表面对锌离子的吸附作用及正电性内表面对锌盐阴离子的吸引促进了锌盐的解离，有助于电解质释放更多的锌离子参与传输。管状埃洛石在促进锌盐解离的同时，外表面会吸附锌离子以维持固液界面的电中性，屏蔽外表面电荷对远处溶液的静电作用，形成扩散双电层，在外表面发生锌离子富集、阴离子排空的现象，实现锌离子的选择性快速迁移，提高锌离子电导率。在管状埃洛石表面引入不同种类的有机基团对管状埃洛石进行表面性质选择性调控，改变管状埃洛石表面的亲疏水性、荷电性、极性等，能够提升管状埃洛石对金属离子的吸附，进而提升锌离子电池性能。

作者一直从事矿产资源综合利用工作，特别是管状埃洛石结构调控及其开发利用研究工作。对管状埃洛石的功能化改性和结构调控进行了详细研究，并将其应用于水系锌离子电池领域。研究结果不仅揭示了管状埃洛石在各类电解质溶液中强大的表面电荷调控特性，还确定了管状埃洛石独特的管状结构能够有效地传输各类离子，确立了管状埃洛石在电化学储能领域的应用优势。管状埃洛石功能化后，作者制备了系列锌离子电池材料，对其倍率性能、循环性能、电化学阻抗以及循环伏安进行了详细分析和探讨。

本书是在内蒙古自治区自然科学基金资助项目（2023QN04018）、2022年度内蒙古自治区本级事业单位引进高层次人才科研支持项目和内蒙古自治区直属高校基本科研业务费项目（2023QNJS105）基金资助下完成。同时，山西省重大科技专项（20181101003）给予了大力支持。项目研究过程中，中国矿业大学（北京）刘钦甫教授，长安大学程宏飞教授，中国地质大学（北京）周熠副教授，北京金羽新能科技有限公司黄杜斌董事长、李爱军副总经理、田波副总经理、王春源项目经理给予了多方的指导和帮助。

北京金羽新能科技有限公司提供实验所需的样品并帮助进行有关实验测试。在此，对上述单位和个人表示由衷的感谢。

由于作者水平所限，书中不妥之处，请广大读者批评指正。

徐培杰

2023 年 10 月 28 日

目　　录

1 绪 论

1.1 引 言

管状埃洛石(HNTs)是天然存在的埃洛石的主要形式，由 Berthier 在 1826 年首次以 1∶1 型二八面体高岭石亚族黏土矿物进行描述[1]。HNTs 作为一种新兴的天然一维纳米管状黏土矿物，在吸附[2]、纳米反应器[3]、模板材料[4]、纳米复合材料[5]、催化剂载体[6]、能源[7]和生物医用[8]领域具有广泛应用。在过去的几十年里，HNTs 再次成为许多研究和专利的焦点，这归功于过去几十年纳米科学技术的快速发展。HNTs 拥有独特的管状结构，不同表面反应性的内表面和外表面，为其结构优化提供了丰富的可能性[9]。同时，廉价[10]的 HNTs 具有优异的生物相容性、低细胞毒性、热稳定性和机械性能，保证了 HNTs 在各个领域的安全使用[11]。目前，关于 HNTs 的研究大多集中在上述领域。事实上，HNTs 具有大长径比和丰富的表面基团，功能性 HNTs 在电化学储能和转换装置中作为离子通道、电极、电解质、涂层、隔膜和纳米填料已经显示出巨大的潜力[7,12-16]。

随着全球经济的增长，能源消耗和环境污染成为当今社会两大难题。因此，有必要发展清洁可持续的能源，如太阳能、风能和潮汐能[17]。然而，这些可再生能源存在间歇性和季节性问题，难以满足日常生活的需求。因此，需要开发恒定且高效的储能技术和系统[18]。在主要的储能技术中，可充电电池[19]具有较高的能量密度而超级电容器[20]具备较为理想的功率密度。电极材料、电解质和隔膜是储能系统的重要组成部分[21]。由于能源应用的广泛程度和高要求，开发廉价、丰富和有效的材料至关重要。HNTs 基材料是具有所有这些特性的典型候选材料，是在能量存储和能量转换领域中最具前途的材料[22]。由于 HNTs 独特的物理化学特性，在能源储存和转换领域引起了广泛的研究兴趣。此外，HNTs 的低成本和丰富的储量，以及稳定的热、机械和耐火性能，使其成为储能设备的绝佳选择[23]。由于 HNTs 的中空管状结构、大长径比和高比表面积，HNTs 与电解质具有较大的接触面积，能够提供足够的活性位点并实现离子的快速扩散[24]。HNTs 通常具有高离子电导率和优异的机械性能，用作固态电解质或水性电池的隔膜时，这些都是有益的特性[12,25]。

然而，未处理的 HNTs 在充放电过程中倾向于聚集，电子电导率低，抑制了电子的快速转移[26]。特别是用于锌离子电池（ZIBs）的 HNTs 衍生物基负极材料在充放电过程中会发生剧烈的体积变化，导致负极材料粉化和结构断裂。针对HNTs 的上述缺点，应对 HNTs 进行适当的改性和结构优化以满足在电化学储能领域的应用[18]。HNTs 基材料在电化学性能优化后，具有成为一种新兴的能量储存和转换材料的巨大潜力。

1.2   管状埃洛石概述

1.2.1   管状埃洛石的卷曲机制

HNTs 通常为白色或淡红色[6]。当 $n=2$ 时，HNTs 处于水合状态，层间含有一层水。在这种情况下，称为 10 埃-埃洛石（HNTs-10Å（$1Å=0.1$ nm））[27]。当在 30 ~ 110℃条件下加热时，层间水流失而引发不可逆转变成为 HNTs-7Å（$1Å=0.1$ nm），这种情况下 $n=0$。与高岭石形态不同，HNTs 具有大长径比和中空管状结构，如图 1-1（a）所示[14]。此外，HNTs 的晶体由层状结构组成，有一层铝氧八面体和一层硅氧四面体，这些较小的八面体（$a=0.5066$ nm，$b=0.8655$ nm）和较大的四面体（$a=0.502$ nm，$b=0.9164$ nm）通过共享四面体顶角氧连接[28]，八面体中拉伸的 Al—O 键可以约束共享的顶角氧并在顶角氧平面或平面内产生结构应力。这些诱导应力通过 Si—O 共价键传递到 Si 平面和底面氧面，HNTs 层间的水分子层使底面氧面上的应力很容易被抵消，相邻单元层难以在氢键的作用下保持平衡。然而，位于单元层中间的顶角氧平面上的应力几乎不受层间水分子的影响。埃洛石通过四面体的旋转和单元层的卷曲来纠正顶角氧平面和内部羟基平面之间的不匹配，并将它们合并为一个平面，如图 1-1（b）所示[29]。在旋转过程中，相邻的四面体沿反方向旋转，通过将 ab 平面上的所有方向的底面氧、硅和顶端氧的距离缩小到相等的距离来减小四面体片的横向尺寸。一般来

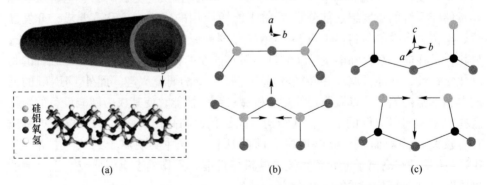

图 1-1   HNTs 的结构及 HNTs 中四面体的旋转与卷曲示意图[30]
（a）结构示意图；（b）四面体旋转示意图；（c）四面体卷曲示意图
（扫描书前二维码看彩图）

讲，天然埃洛石先通过有效的卷曲最大限度地释放应力，然后再进行四面体旋转补偿残余应力。自然形成的 HNTs 轴平行于 b 轴，部分平行于 a 轴，意味着卷曲方向是（100）和（010）[30]。

HNTs 的管长范围为 200~2000 nm；管的内径和外径的范围分别为 10~40 nm 和 40~70 nm[31]；长径比为 5~10；理论弹性模量范围在 230~340 GPa；水溶液中的粒径分布为 50~400 nm，平均粒径为 140 nm；BET 表面积为 22.1~81.6 m^2/g[32]；孔隙率范围为 14%~46.8%；内腔空间占比 11%~39%；密度为 2.14~2.59 g/cm^3；平均孔径为 7.97~10.02 nm；晶体内结构水脱出温度为 400~600℃。HNTs 具有三种不同表面，即内表面、外表面及层间表面。HNTs 内表面带正电，表面基团为 Al—OH（铝羟基），无机/有机分子或离子可以通过界面反应赋存在 HNTs 管腔内。HNTs 外表面带负电，表面基团为 Si—O—Si（硅氧烷）。HNTs 外表面存在大量的缺陷和大量暴露在管边缘的 Al—OH，有利于外表面参与许多的界面反应，可共价枝接、吸附和络合大量的大分子。

1.2.2 管状埃洛石的结构优化方法

依据 HNTs 不同的物理化学性质，研究目的、内容和方向可对 HNTs 进行结构优化以满足不同的应用需求。

（1）HNTs 在纳米尺度上具有完美的中空管状结构，因此，许多化学和生物活性物质可以在适当的溶液中通过真空抽滤或浸没加载到管腔中，如四环素、呋喃并色酮和烟酰胺腺嘌呤二核苷酸[33]。HNTs 显著增加了药物释放的持续时间，是其他载体的 30~100 倍。将反应物装载到管腔中并引发反应，则管内部可充当纳米级反应器。

（2）HNTs 的内部含有大量的铝羟基，而 HNTs 的外表面主要为硅羟基，少数硅羟基/铝羟基暴露在管口的边缘。HNTs 与其他纳米黏土和硅基材料相比表现出较为疏水的性质，能够较好地与非极性聚合物相互作用并良好地分散其中[34]。HNTs 天然的疏水性不足以在复合系统中进行界面黏附。在将 HNTs 添加到聚合物中之前，应进行进一步的疏水处理，以最大限度地提高它们的界面相互作用。

（3）纳米粒子由于其高表面性而倾向于彼此附着。例如，碳纳米管在纳米管之间具有很强的固有范德华力，使得其在聚合物中难以分散。相比之下，HNTs 的管间相互作用相对较弱。首先，HNTs 的表面上含有少量的羟基和硅氧烷，表明管-管相互作用相对较弱。其次，具有较大长径比的管状形态几乎不会产生管与管之间大面积接触的机会[35]。这种自然剥离的形态意味着颗粒无需进行化学分离，有利于 HNTs 的结构优化及应用。

（4）由于 HNTs 的大长径比及其纳米级尺寸，可以成为聚合物的优良补强材料。HNTs 可以同时提高聚合物的强度、模量、刚度和抗冲击性。此外，HNTs 可以在动态或静态条件下提高聚合物在高温下的机械性能。例如，环氧树脂的热膨胀系数（CTE）在掺入 HNTs 后显著降低[36]，因为 HNTs 无机填料限制了聚合物基体的膨胀。

（5）HNTs 在纳米复合材料燃烧时会阻碍热量和质量传输，以及截留聚合物在管腔中的分解产物。HNTs 的附加阻燃机制与其表面酸性促进碳形成有关[37]。HNTs 具有较高的结构水脱出温度（400～600℃），意味着 HNTs 适用于相对较高温度条件下加工的聚合物[38]。

（6）HNTs 的内表面含有铝羟基而外表面含有硅羟基，使其内/外表面具有不同的化学性质。因此，可以通过与膦酸（内部）和甲硅烷基化（外部）试剂的连续反应来实现对 HNTs 中硅羟基或铝羟基的选择性改性。

（7）HNTs 在 pH > 2 时的外表面电荷主要为负电荷，从而促进了对阳离子聚合物的静电吸引。在设置聚合物纳米复合材料的界面时可以利用这些相互作用。例如，HNTs 和聚醚酰亚胺（PEI）经过层层组装制备出 HNTs-PEI 纳米复合材料[39]。带正电荷的壳聚糖可以与 HNTs 发生静电相互作用，用于复合材料的制备[40]。

（8）HNTs 是亲电子的。HNTs 上的电子受体位点是位于晶体边缘的铝和硅酸盐层中的高价过渡金属。HNTs 可以接受来自乙烯基单体的电子，有助于催化一些不饱和有机化合物（苯乙烯、甲基丙烯酸羟乙酯）的聚合[41]。HNTs 的亲电子特性同样有利于提高聚合物与 HNTs 之间的界面相互作用[42]。

（9）HNTs 具有规则的管状形态和丰富的孔结构。其中，一类为内部/表面孔结构，包括堆叠的 HNTs 片层之间的孔隙空间，另一类为管的内腔空间。若 HNTs 中的纳米空间被填充或表面涂有聚合物，则从 HNTs 框架中提取的多孔材料将反映 HNTs 模板的形态和孔结构。例如，HNTs 可用作中孔碳的模板。HNTs 作为模板有两个主要优点：纳米级的管直径和低成本。

（10）HNTs 为环保黏土矿物，对环境没有危害。在世界各地均有丰富的矿产资源，可从中国、美国、巴西、法国、西班牙、新西兰等国家的天然矿床中获得。低廉的价格和高性能的优势促进了 HNTs 基纳米复合材料的工业化。

1.2.3 管状埃洛石的应用现状

储量丰富的纳米管状 HNTs 具有优异的力学性能、良好的分散性和生物相容性。这些优势使其在许多领域具有多种潜在应用（见图1-2）。

1.2.3.1 填料

HNTs 因其高比表面积和长径比、优异的机械性能和分散性而成为聚合物纳米复合材料的最具前景的填料。许多研究者利用 HNTs 作为填料提高聚合物的机

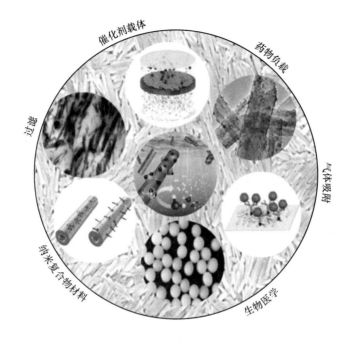

图 1-2　HNTs 在各个领域的应用示意图

（扫描书前二维码看彩图）

械性能、热稳定性和阻燃性[23,35]。一般来讲，由两个关键因素决定 HNTs 基聚合物纳米复合材料的性能，即 HNTs 在聚合物基质中的良好分散以及和聚合物之间理想的界面亲和力[35]。由于 HNTs 带负电荷的外表面和亲水性表面，HNTs 在水溶液中具有良好的分散性，但很难实现在聚合物基质中的良好分散，并且 HNTs 容易形成微米级的聚集体。为了增强 HNTs 在聚合物基质中的分散性，研究人员将[43] HNTs 和 SBR 通过原位形成的甲基丙烯酸锌（ZDMA）和 MAA 产生强界面键。HNTs 和 SBR 通过 ZDMA 枝接/络合，与 MAA 通过枝接/氢键连接。由于强界面相互作用显著改善了 HNTs 的分散性，MAA 与改性的 HNTs-SBR 纳米复合材料表现出优异的机械性能和硫化性能。

1.2.3.2　载体

HNTs 具有中空的管状结构和优异的生物相容性，作为"宿主"可被用于各种客体分子和物质的装载和缓释，包括无机盐和有机物质，从简单的有机分子到高分子质量的生物化学分子。Price 等[33]首次利用 HNTs 作为载体负载不同类型的客体，包括盐酸四环素、呋喃并色酮和烟酰胺腺嘌呤二核苷酸。这些客体被加载到 HNTs 的管腔中，并从溶液或熔融体中吸附到 HNTs 的外表面上。一些无机盐，如醋酸银、钼酸铵、高锰酸钾、硅酸钠和铬酸钠通过真空抽滤可以从其饱和水溶液中加载到 HNTs 管腔内[10,44]。

1.2.3.3 吸附剂

由于天然存在的多孔矿物具有经济可行性和良好的吸附性。HNTs 在环境修复中的应用直到最近十年才引起人们的重新关注。随着对 HNTs 结构和反应性的深入了解，研究者逐渐意识到 HNTs 具有多种有利于污染物吸附的特性。例如，纳米级多孔 HNTs 的比表面积远高于微米级无孔高岭石。此外，HNTs 具有外部硅氧烷基团、层间内表面铝羟基基团和内部铝羟基基团，这为提高 HNTs 作为污染物吸附剂的性能提供了多种改性可能。Matusik 等[45]的研究表明，HNTs 对重金属的吸收效率受金属水解常数的影响。Wang 等[46]利用十六烷基三甲基溴化铵对 HNTs 进行外表面改性以吸附金属离子，从水溶液中去除 Cr(Ⅵ)，改性后的 HNTs 表现出对铬酸盐的快速吸附，在 5 min 内达到其最大吸附量的 90%。吸附过程主要为 HNTs 外表面的活性剂阳离子和 Cr(Ⅵ)阴离子 $HCrO_4^-$ 和 $Cr_2O_7^{2-}$ 静电吸引。

1.2.3.4 模板

除了作为载体外，HNTs 的介孔腔还可作为纳米级仿生合成的纳米反应器/纳米模板。Shchukin 等[47]利用 HNTs 作为酶促纳米反应器，用于仿生合成 $CaCO_3$。首先将脲酶加载到 HNTs 的管腔中，将其浸入含有高浓度 $CaCl_2$ 和尿素的溶液中。尿素通过负载在 HNTs 管内腔的脲酶原位催化，分解成为 CO_3^{2-} 和氨。然后在 HNTs 的管腔中发生 $CaCO_3$ 的沉淀直至完全填充管腔，成为亚稳态球霰石相，这是由于纳米体积的受限反应对 $CaCO_3$ 晶型的影响，研究成果为研究晶体工程和生物矿化过程的基本方面提供了广阔的前景。

1.3 纳米流体系统

1.3.1 仿生离子通道

向自然学习激发了新型人造材料的制造，使研究者能够理解和模仿生物学。尤其是仿生研究，其当前的发展很大程度上归功于材料科学和创造性"智能"系统设计的进步。仿生纳米通道的开发和应用是该研究方向的一个新兴领域。仿生纳米通道使许多潜在的方法能够通过电流测量实时研究受限空间中的各种分子。仿生材料和设备因其独特的特性引起越来越多的关注[48]。生物中存在的离子通道在维持正常生理条件方面发挥着重要作用，并充当"智能"门以确保离子选择性传输[49]。向自然学习意味着从自然中汲取灵感并基于这些概念开发新型功能材料。受自然现象的启发，研究者可以设计用于生命科学研究的智能人工纳米通道系统，同样也可以使用仿生纳米通道模拟生物体内的离子传输过程，进而研究受限空间中生物分子的化学、结构特性和构象变化（见图 1-3）。正常的身体功能很大程度上取决于这些纳米通道内离子传输的调节。因此，设计一个用于模拟生命系统中这些复杂过程的系统对于纳米科学来说是一项具有挑战性的任务。

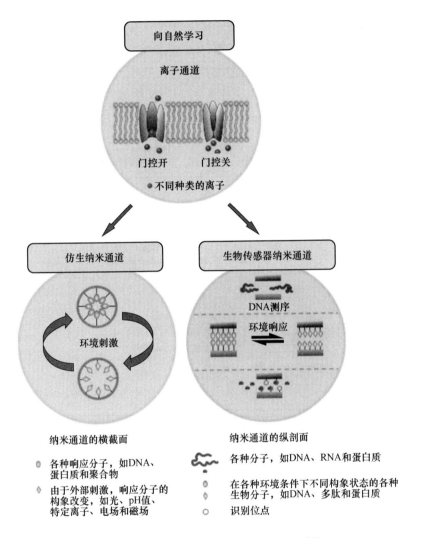

图 1-3　模拟生命系统设计仿生离子通道[49]

（扫描书前二维码看彩图）

1.3.2　一维纳米通道

纳米孔直径可以简单地定义为 1～100 nm，且孔径大于孔的深度。如果孔深度远大于孔的直径，则该结构通常称为一维纳米通道[50]。目前，人造一维纳米通道与纳米孔的制造和应用正成为关注的焦点，因为与生物对应物相比，它们在形状和尺寸方面提供了更大的灵活性和表面特性，可以根据所需的功能进行调整[51]。用功能分子对一维纳米通道的内表面进行化学修饰，这些功能分子密切模仿生物通道的门控机制，可以提供一种高效的手段来控制离子或分子通过纳米级开口传输以响应环境刺激，例如改变施加力[50]、光[52]、pH[53]和特定离子[54]。通过设计更复杂的功能分子，这些一维纳米通道分子系统可用于在不久的将来，构建具有更精确控制功能的仿生智能结构。仿生智能纳米孔／一维纳米通道材料的设计和制备过程如图 1-4 所示，两种设计路线使得仿生智能材料适用于各种潜在应用场合[55]。

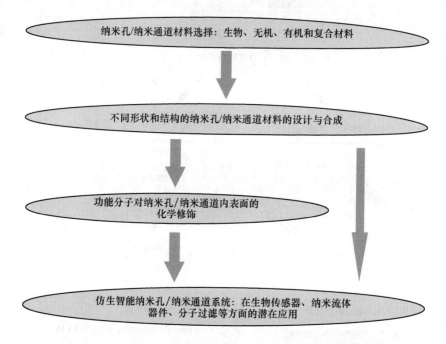

图 1-4　仿生智能纳米孔／一维纳米通道材料的设计与制备[56]

　　根据具体应用要求，可选择生物、无机、有机和复合材料等多种材料。使用各种制造技术（见图 1-5）来获得不同形状和结构的纳米孔或一维纳米通道，如生物分子自组装[57]、电化学蚀刻[58]、负极氧化法[59]、电子束技术[60]、激光技术[61]和离子轨迹蚀刻技术[62]。然而，无论是通过对称还是不对称的化学修饰，精确地对特定局部区域进行功能化仍然是一个挑战。另一个重要目标是能够在表面覆盖方面精确控制接枝功能分子的密度。实际应用需要利用人工一维纳米通道来设计和开发大面积智能纳米设备，从而可以响应单一外部刺激或双重甚至多重刺激。

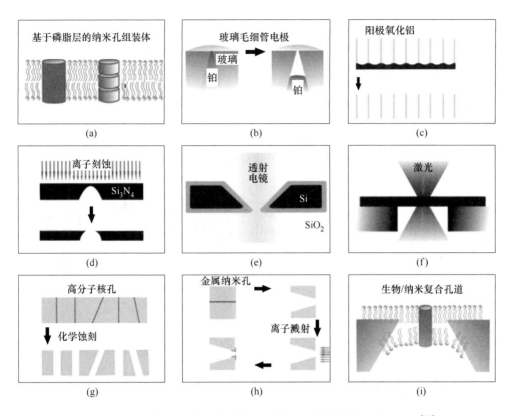

图 1-5 各种形状和结构的纳米孔/一维纳米通道材料的选择与合成[56]

（a）脂质双层膜上镶嵌的自组装纳米孔道；（b）电化学刻蚀法制备的玻璃孔；（c）阳极氧化铝多孔膜；（d）反应离子束刻蚀氮化硅膜形成纳米孔；（e）透射电子显微镜下电子束轰击制得硅纳米孔；（f）热诱导收缩制备的热塑材料纳米孔；（g）潜径迹化学刻蚀制备高分子材料上纳米孔道；（h）离子溅射技术和潜径迹化学蚀刻法结合制备金属—聚合物复合纳米孔道；（i）杂合型生物/固态纳米孔道

1.4 管状埃洛石在电化学储能中的应用

在各种电化学储能和转换材料中，功能化天然黏土在储能和转换装置中显示出其作为极、电解质、隔膜和纳米填料的巨大潜力。天然黏土具有多孔结构、可调比表面积、显著的热和机械稳定性、丰富的储量和成本效益。此外，天然黏土还具有高离子电导率和亲水性的优点，完美地适用于固态电解质。而作为一种天然的中空管状黏土矿物，HNTs 为能源材料在电化学储能领域中的应用提供了研究方向。

1.4.1 管状埃洛石在电极中的应用

Pei 等[19]首先将碳皮包覆 HNTs，然后通过溶液浸渍法将硫负载到 HNTs 管内制备锂硫电池的正极材料，如图 1-6 (a) 所示。硫纳米粒子被捕获在 HNTs 的内外表面，负载量高达 80%。HNTs 的层状结构提供了较大的比表面积(44.8 m²/g)，有利于限制硫纳米粒子并缓冲其在充放电过程中的体积膨胀。HNTs 的中空管状结构提供了足够的空间允许截留的硫纳米粒子产生体积变化，并在锂化/脱锂的过程中将其尺寸限制在 HNTs 内腔直径范围内。同时，HNTs 独特的结构有效地抑制了多硫化物的溶剂化和穿梭效应。HNTs 含有丰富的孤立域来控制多硫化物的溶解并增加多硫化物的扩散屏障以阻止它们的迁移，出色的复合结构有助于实现锂硫电池高容量和稳定的循环性能，如图 1-6 (b) 所示。

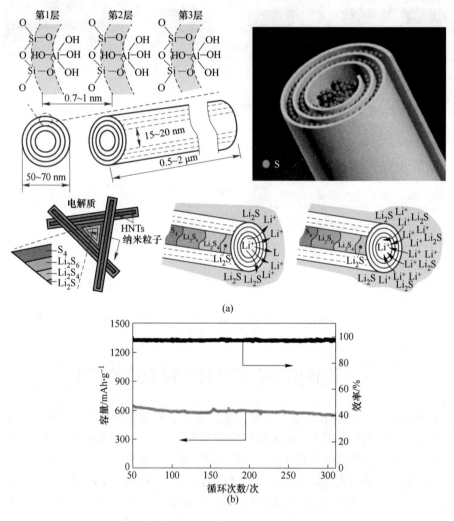

图 1-6　HNTs 负载硫纳米粒子正极示意图及循环性能[19]

(a) HNTs 负载硫纳米粒子正极示意图；(b) HNTs 负载硫纳米粒子循环性能

(扫描书前二维码看彩图)

Cao 等[26]利用吡咯通过原位聚合法在 HNTs 外表面包裹了一层连续导电层聚吡咯（PPy）作为一种高容量和低成本的钠离子电池正极材料。HNTs/PPy 正极材料表现出优异的水分散性。钠离子电池表现出优异的长循环性能。Yang[63] 以（NH_4)$_2$$MoS_4$ 为前驱体，HNTs 为模板，通过模板辅助热分解法制备了多孔管状二硫化钼（MoS_2)。以管状 MoS_2 为正极的 ZIBs 在 0.2 A/g 的电流密度下的初始比容量为 146.2 mAh/g，800 次循环后的容量保持率为 74%，是一种很有前景的 ZIBs 正极材料。以 HNTs 为电极添加剂，Li 等[64]制备了 $LiMn_2O_4$/HNTs 复合正极，结果表明添加 3% 的 HNTs 的复合正极在锂电池中表现出更高的比放电容量、更好的倍率性能和循环性能。中空管状 HNTs 形成的三维网络通道改善了 $LiMn_2O_4$ 正极的电化学性能，Li^+ 在 HNTs 表面可以快速迁移，降低了充放电过程中的极化。Cen 等[65]将 HNTs 和氧化还原石墨烯（RGO）引入 S 正极材料中制备 HNTs/S 和 RGO@HNTs/S 复合电极。结果表明，由于 HNTs 的孔结构和表面极性官能团以及 RGO 的引入为绝缘硫颗粒提供了导电网络，大大提高了锂硫电池的循环稳定性和活性物质的利用率。Zhou 等[55]通过生长和聚合的方法在多孔 HNTs 模板上沉积 NiMn 层状双氢氧化物（NiMn-LDHs）和聚（3,4-乙烯二氧基噻吩）（PEDOT）构建分层结构。所得复合材料呈现出显著增加的表面积和明显的三维核-鞘结构，NiMn-LDHs/HNTs 作为超级电容器电极在 1 A/g 下的最大比电容为 1665 F/g，表现出优异的倍率性能和循环稳定性。Ganganboina 等[66]使用硅烷改性 HNTs，然后加入柠檬酸裂解制备石墨烯量子点(GQDs)/HNTs 纳米复合材料。基于 GQDs/HNTs 电极的超级电容器具有优异的比电容、较高的能量密度和 5000 次以上循环稳定性。这些基于 HNTs 的电极材料得益于源自随机累积的一维纳米管的互联孔隙，可以减轻电荷存储过程中黏土的体积膨胀。HNTs 可以将更多的电解质吸收到结构中并促进离子和电子的扩散，从而有助于优异的循环和倍率性能。

1.4.2　管状埃洛石在隔膜中的应用

Huang 等[16]通过真空抽滤制备了细菌纤维素(BC)/HNTs 纳米复合纤维隔膜。BC/HNTs 隔膜具有良好的电解质相容性和热稳定性，HNTs 的添加进一步提高了复合隔膜的离子电导率、电解质吸收率和机械稳定性，并降低了界面电阻。BC/HNTs 隔膜显示出高拉伸强度（84.4 MPa）、优异的孔隙率（83.0%）、良好的电解质吸收率（369%）、较高的离子电导率（5.13 mS/cm）和较宽的电位窗口（2.5 ~ 4.0 V）。基于 BC/HNTs 隔膜的锂离子电池（LIBs）在 0.2 C 倍率下稳定循环 100 次后的比容量为 162 mAh/g，容量保持率为 95%。Xie 等[67]提出了一种新型的双功能隔膜（HNTs@PP），通过在聚丙烯（PP）隔膜的两侧涂覆天然 HNTs 来提高电池安全性和电化学性能。HNTs@PP 隔膜表现出良好的电解质吸

收率、润湿性、热稳定性和高离子电导率。HNTs 在膜表面的三维网络结构及其与电解质反应获得添加剂 $LiPO_2F_2$ 的能力大大提高了 LIBs 的循环稳定性。在 1 C 条件下循环 300 次后，使用 HNTs@ PP 复合隔膜组装的 $LiCoO_2/Li$ 半电池的容量保持率比使用裸 PP 隔膜的半电池高 44.42%。此外，在 0.5 C、1 C、2 C 和 3 C 倍率下，使用 HNTs@ PP 隔膜时的放电比容量分别比使用裸 PP 隔膜时高 1.77%、2.63%、5.80% 和 9.71%。潜在的安全问题已成为 LIBs 广泛商业化应用的首要障碍，因此，Wang 等[68]展示了一种通过逐层静电纺丝沉积制备的具有增强的耐热性和电解质亲和力的夹层结构复合膜。经过 50 次循环后，采用 3% 的 HNTs 静电纺丝隔膜的电池保留了 91.8% 的初始放电容量，比市售聚丙烯隔膜的 79.98% 有了显著提高。同时，隔膜具有稳定的电化学性能和较低的放电损失。为作为环保 LIBs 隔膜的聚烯烃替代品提供一种有前景的材料。

1.4.3　管状埃洛石在电解质中的应用

Zhu 等[25]制备了性能优异的 HNTs/聚（环氧乙烷）（PEO）-LiFePO₄ 固态聚合物电解质，如图 1-7 所示。HNTs 的加入提高了 HNTs/PEO-LiFePO₄ 固态电解质的电导率（25℃时为 9.23×10^{-5} S/cm）、锂离子迁移数（0.46）和电化学电压窗口（5.14 V），有助于稳定界面电阻，改善电极和电解质之间的相容性以及电荷转移。基于该复合电解质的锂电池具有优异的循环性能。

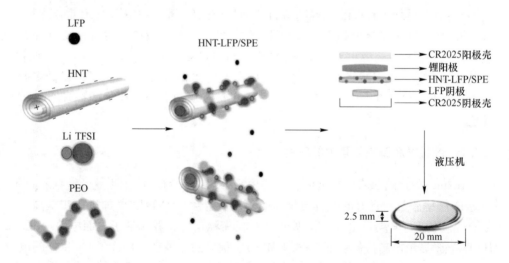

图 1-7　HNTs/PEO-LiFePO₄ 固态电解质制备示意图[25]

（扫描书前二维码看彩图）

Feng 等[15]通过紫外线触发自由基聚合制备用于锂金属电池的 HNTs/甲氧基聚（乙二醇）丙烯酸酯复合聚合物电解质（HCPE），HNTs 的引入降低了聚合物的规则性和结晶区域的比例，有利于锂离子扩散。HNTs 独特的结构促进了锂盐的溶解，从而提高了离子电导率（5.62×10^{-5} S/cm），固态电解质的电化学稳定电压窗口为 5.28 V，分解温度约为 346℃，表明 HNTs 的引入提高了热稳定性。同时，固态电解质表现出与锂金属良好的相容性、高电化学稳定性和库伦效率。Lin 等[12]将 HNTs 与 LiTFSI 和 PEO 在乙腈中混合形成均质溶液，在 60℃手套箱中浇注干燥成膜制备了锂硫电池的全固态电解质，具有相反电荷的 HNTs 表面将锂盐分为锂阳离子和阴离子。锂离子带正电荷吸附在 HNTs 外表面，阴离子带负电荷吸附在内表面。由于添加了 HNTs，全固态电解质在 25℃时表现出 1.11×10^{-4} S/cm 的优异离子电导率，锂离子迁移数为 0.40，可在 25～100℃的温度范围内运行。具有全固态聚合物电解质的锂硫电池在 100 次循环后可提供 745 mAh/g 的稳定放电容量。

凝胶聚合物电解质（GPEs）为另一类固态电解质。GPEs 解决了有机液体电解质不安全的问题，如泄漏、内部短路和易燃性[69]。尽管如此，GPEs 的离子电导率低、机械性能差、电化学稳定性窗口窄以及电极与 GPEs 之间的界面电阻大等缺点阻碍了其大规模发展。为了解决上述问题，Zhu 等[70]制备了用于 LIBs 的醋酸纤维素/聚-L-乳酸/HNTs（CA/PLLA/HNTs）复合 GPEs。可生物降解的 PLLA 聚合物具有机械稳定性和柔韧性，使其成为 GPE 的潜在骨架材料。然而，PLLA 的结晶导致较差的电化学性能。HNTs 的引入可以抑制 PLLA 的结晶行为，提高 GPEs 的离子电导率和热稳定性。复合 GPE 表现出高孔隙率（83%）、离子电导率（1.52×10^{-3} S/cm）、锂离子迁移数（0.45）和饱和电解质吸收率（600%）。具有 CA/PLLA/HNTs 隔膜的 Li/GPE/LiCoO$_2$ 电池在 0.1 C 倍率下的可逆放电容量为 125.2 mAh/g，50 次循环后的容量保持率为 93.1%。HNTs 在电化学储能领域的应用产生了富有前景的成果，促进了天然黏土基能源材料的快速发展，并促进黏土基材料在其他领域的广泛应用。

2 管状埃洛石矿物学研究

HNTs 的矿物学特征对其在各领域的应用具有重要意义，可为其后续研发利用提供技术支持与理论指导。本章主要对埃洛石的地质赋存状态、形成环境以及地质背景进行了概括，深入研究了所用 HNTs 的矿物学特征，为其后续在离子通道和电化学储能的应用研究提供理论支持。

2.1 地质赋存状态

通常来讲，埃洛石是超镁铁质岩、火山玻璃和浮岩经过风化和成土作用或热蚀变作用形成[38]，属于高岭石亚族，又称变高岭石。埃洛石主要赋存在风化或热蚀变的岩石、腐泥和土壤中。由于成因不同，埃洛石的形成伴随着不同类型的伴生矿物。例如，由流纹岩和英安质火山岩低温热蚀变形成的玛陶里湾埃洛石矿床（位于新西兰北部地区），埃洛石与石英、方英石和长石伴生。Matauri Bay 埃洛石矿床（位于美国犹他州）由白云岩热蚀变形成，埃洛石与高岭石、三水铝石、明矾石和石英伴生[32]。此外，埃洛石的结晶条件和地质赋存与其形貌密切相关。例如，当从火山玻璃和浮岩的过饱和溶液中重结晶时，埃洛石呈现出球形形态。然而，当黑云母的热蚀变[71]、花岗岩中长石的风化[72]以及板状高岭石的蚀变形成的埃洛石呈现出管状形态。由于热带以及亚热带存在大量流动的水资源，利于大多数的黏土矿床的形成。埃洛石一般在年代较近的火山灰土壤或热带土壤中赋存[73]。埃洛石层间及晶体含有大量的游离水，又称"多水高岭石"。埃洛石矿几乎在世界各地均有分布，在我国境内，例如山西、云南、广东、湖南、湖北、贵州和四川等省均有埃洛石矿产的分布。由富含黄铁矿的上二叠统高岭岩经风化淋滤作用形成的著名"叙永式"高岭土主要的矿物成分为 HNTs，广泛分布于云南、贵州和四川交界一带[74]。国内 HNTs 矿产主要分布在山西阳泉的本溪组和马家沟灰岩的岩溶发育面之间、苏州阳东栖霞组灰岩岩溶溶洞内和湖南辰西仙人湾的栖霞组与石炭系的角度不整合面以及吴家坪组与茅口组的假整合面的岩溶系统中[75]。以 HNTs 为主要矿物的矿床常常伴有少量的伴生杂质，例如方解石、铁锰有机质、石英、高岭石、水云母和水铝英石等，且其在世界分布极少，一般 HNTs 常作为伴生矿物出现在高岭石矿床中。

2.2 化学成分

HNTs 是天然形成的多壁一维纳米管状黏土矿物，属单斜晶系，与高岭石同质异象，其化学式为 $Al_2Si_2O_5(OH)_4 \cdot nH_2O$，HNTs 的化学理论组成为：$SiO_2$（40.85%），$Al_2O_3$（34.67%），$H_2O$（24.48%），与高岭石类似，其理论 SiO_2/Al_2O_3 摩尔比值接近于 2。HNTs 中的杂质含有量会显著影响其计算 SiO_2/Al_2O_3 摩尔比值，若与理论比值接近，表明 HNTs 的含量高，杂质少。若计算值小于理论比值，表明 HNTs 中含有三水铝石和水铝英石等铝质矿物。若计算值大于理论比值，则表明 HNTs 中含有其他黏土矿物或石英等高硅矿物，如高岭石。

在自然界中形成的 HNTs 矿床中，往往由于地质环境的复杂变化而含有很多其他化学成分，例如：SO_3、K_2O、CaO、Fe_2O_3、MgO 和 Na_2O 等微量金属氧化物。通过 X 射线荧光光谱仪分析（XRF）对本书所用 HNTs 进行详细化学组成分析，见表 2-1。可计算得出 SiO_2/Al_2O_3 的摩尔比值为 1.868，接近于理论摩尔比值，证明本实验所使用的 HNTs 纯度高，不含或含有极少量的有害元素。表明 HNTs 是一种无毒无害的黏土矿物材料，可用于各个对安全性要求较高的领域。

表 2-1　HNTs 的化学组成

成　分	SiO_2	Al_2O_3	SO_3	K_2O	CaO	Fe_2O_3	MgO	Na_2O	SrO	P_2O_5	PbO	CuO
含量（质量分数）/%	45.50	41.40	8.78	1.89	0.69	0.68	0.50	0.37	0.06	0.04	0.02	0.01

2.3 矿物学研究

2.3.1 矿物成分

XRD 能够准确地鉴定黏土矿物的成分及各个组分的含量，是表征矿物的有效手段。XRD 能快速地鉴别黏土矿物种类，确定黏土矿物的结晶度、有序无序度以及同质异象和类质同象等现象。XRD 直观地反映了 HNTs 的结构特征和组成，同时间接地反映 HNTs 的地质环境和介质条件。

图 2-1 为 HNTs 的 XRD 图谱。HNTs 在 $2\theta = 12.66°$ 出现了特征衍射峰，对应层间距为 0.72 nm，表明 HNTs 层间的结晶水产生不可逆的脱去现象，成为 HNTs-7Å。此外，HNTs 在 $2\theta = 12.66°$、$20.24°$、$25.16°$、$35.32°$、$55.18°$ 和

62.74°处出现特征衍射峰，特征衍射峰窄而尖锐，完美地对应于 PDF# 29-1487，分别对应于 HNTs 的（001）、（100）、（002）、（110）、（210）和（300）晶格平面，表明 HNTs 结晶程度高，结构有序。XRD 图谱除了存在 HNTs 明显的衍射峰之外，还存在着其他少量杂质的特征衍射峰，如石英、明矾石等。

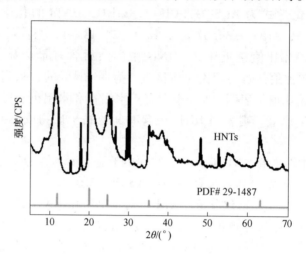

图 2-1　HNTs 的 XRD 图谱

2.3.2　红外光谱（FT-IR）

　　FT-IR 可对黏土矿物中含有的无机/有机官能团进行定性和定量分析，能够在短时间内检测出各类官能团，以官能团来研究矿物成分及结构。黏土矿物中同一类的官能团在红外吸收频率上具有稳定性且特征峰吸收强度大，能够有效快速地确定相应的研究矿物。HNTs 为硅酸盐矿物，硅酸盐矿物中的红外振动主要由络合阴离子及结构内部和表面的羟基引起。HNTs 红外光谱的高频区和低频区的特征振动谱带主要与 HNTs 的成分及结构相关。

　　图 2-2 为 HNTs 的 FT-IR 图谱。HNTs 是一种无机黏土矿物，其化学成分与化学官能团较为简单，因此 HNTs 的红外光谱吸收峰较为简洁。HNTs 在高频区的 $3000 \sim 4000 \ cm^{-1}$ 范围存在着两个吸收峰，分别位于 $3696 \ cm^{-1}$ 和 $3621 \ cm^{-1}$ 处，为 HNTs 外表面和内表面的羟基吸收峰。在 $3000 \sim 4000 \ cm^{-1}$ 范围的两个"齿状峰"可以很好地与其他黏土矿物进行辨别。例如，高岭石的 $3000 \sim 4000 \ cm^{-1}$ 范围的有四个特征峰，分别在 $3696 \ cm^{-1}$、$3668 \ cm^{-1}$、$3652 \ cm^{-1}$ 和 $3621 \ cm^{-1}$ 处，分别归属于羟基面内伸缩振动、面外伸缩振动以及内羟基和羟基伸缩振动。在低频区的 $400 \sim 2000 \ cm^{-1}$ 范围出现的吸收峰主要是由于铝氧和硅氧键的红外吸收产生。具体来讲，HNTs 的特征振动谱带在 $1031 \ cm^{-1}$、$691 \ cm^{-1}$ 和 $430 \ cm^{-1}$ 处，分别归属于 Si—O—Si 基团的信号谱带和 Si—O 的变形振动[76]。振动带 $1648 \ cm^{-1}$

处为 HNTs 表面吸附水的强烈弯曲振动。振动谱带 3696 cm^{-1} 和 3621 cm^{-1} 处归属于 HNTs 的内表面羟基伸缩振动带。

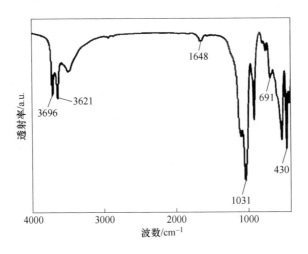

图 2-2　HNTs 的红外光谱图

2.3.3　热分析

黏土矿物的热分解过程分为 4 个阶段[77]：第 1 个阶段为小于 400 ℃的低温反应，这个阶段发生的失重主要是黏土矿物失去表面吸附和层间的水分子；第 2 个阶段为位于 400 ~ 750 ℃的中间温度反应，这个阶段的失重主要是由于黏土矿物脱羟基导致；第 3 个阶段为大于 750 ℃的高温反应；第 4 个阶段为氧化反应。HNTs 与高岭石结构类似，化学成分基本相同，差别微小。然而，由于 HNTs 具有管状结构，在受热条件下相变、表面基团以及结构发生的变化却与高岭石不同[78]。在 900 ℃内，HNTs 纳米管的形貌基本不发生变化。在加热到 1100 ℃时，HNTs 的管状结构发生塌陷，产生富铝的 γ-Al$_2$O$_3$，而高岭石产生富铝的莫来石。HNTs 在加热到 600 ~ 900 ℃时发生相分离，表面出现新生成的硅羟基，且硅羟基具有丰富的反应活性。依据上述受热特征，HNTs 有望以高活性材料受到广泛研究。HNTs 以其管状结构，衍生出与其他高岭石亚族不同的热行为，在一些 HNTs 参与高温反应中上述特性须加以斟酌[78]。

2.3.4　形貌特征

本研究使用的 HNTs 外观为乳白色，呈土状形式产出，手感细腻且表面光滑，纯净无杂质，硬度在 2 ~ 3 范围内，如图 2-3 (a) 所示。归功于 HNTs 的大长径比和相对光滑的管外壁，HNTs 易于在水中分散，HNTs 被超声分散后的分散液呈乳白色，如图 2-3 (b) 所示，在 12 h 内不易发生沉降。

(a)　　　　　　　　　　　　　(b)

图 2-3　HNTs 及其分散液的光学照片

（a）HNTs 的光学照片；（b）HNTs 分散液的光学照片

（扫描书前二维码看彩图）

图 2-4（a）为 HNTs 的 Zeta 电位分布。从图中可以看出，HNTs 的电位大致分布为 −45 ～ −5 mV，平均 Zeta 电位为 −29.6 mV，这与 HNTs 外表面带负电荷相关。HNTs 带有丰富的表面电荷，单体之间产生静电排斥，与其他黏土矿物相比，HNTs 在分散液中不易发生团聚。图 2-4（b）显示了 HNTs 在水分散液中的粒径分布。从图中可以看出，HNTs 的整体平均粒径为 440.2 nm。HNTs 粒径分布集中，表明 HNTs 的大小一致且分布均一。

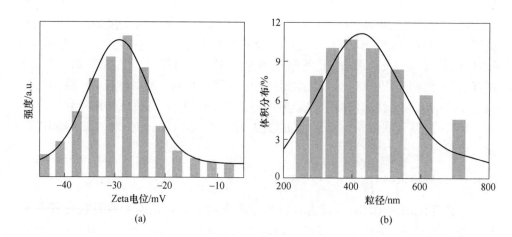

(a)　　　　　　　　　　　　　(b)

图 2-4　HNTs 的 Zeta 电位及粒径分布

（a）HNTs 的 Zeta 电位分布；（b）HNTs 的粒径分布

通常使用扫描电子显微镜及透射电子显微镜来分析 HNTs 的微观形貌与结构。扫描电子显微镜可以有效地呈现出 HNTs 在微观条件下的高分辨率图片,并通过扫描电子显微镜与透射电子显微镜的结合能谱分析出 HNTs 所含元素大致的分布规律以及含量,进一步判定 HNTs 的结晶程度、分散性、大小和聚集度等。图 2-5 为 HNTs 的 SEM 图。由图可见,HNTs 分布均匀,结晶程度良好,管长均一,大致为 600~800 nm。HNTs 呈多层卷曲状态,外直径为 40~70 nm。HNTs 杂乱无章地堆叠在一起,但单体与单体之间并未产生聚集体,是一种分散性良好的黏土矿物。

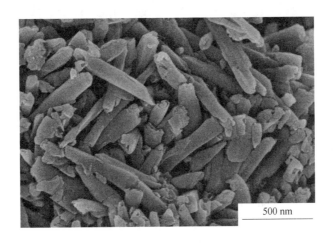

图 2-5 HNTs 的 SEM 图

图 2-6 显示了 HNTs 的透射电镜图谱及其相应 Al、Si 和 O 的元素映射图谱。从 HNTs 的 TEM 图谱可以看出,HNTs 呈中空管状结构,内腔尺寸分布均一,两

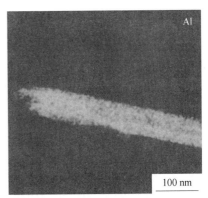

(a)   (b)

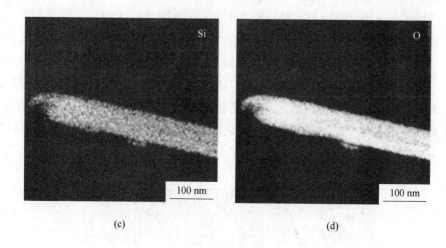

图 2-6　HNTs 的透射电镜图谱及其相应 Al、Si 和 O 的元素映射图谱
（a）HNTs 的透射电镜图谱；（b）Al 元素映射图谱；
（c）Si 元素映射图谱；（d）O 元素映射图谱
（扫描书前二维码看彩图）

端开口。HNTs 的这种独特结构和带电性能够允许各类离子从管中通过，从而起到调控离子分布及传输的作用。同时，HNTs 的 Al、Si 和 O 的元素映射表明 HNTs 含有 Al、Si 和 O 元素且分布均匀。在纳米级尺寸上对 HNTs 的形貌进行了表征，有利于为 HNTs 作为离子通道和电化学储能材料研究打下坚实的基础，为后续电化学性能研究提供有力的支撑。

2.4　XPS 能谱分析

XPS 能谱分析是一种先进的显微分析技术，能够精确地测量原子内层电子的束缚能和化学位移，能准确地提供分子与原子的价态，显示各种化合物的化学键和化学态、元素成分与含量以及结构。

图 2-7 为 HNTs 的 XPS 光谱以及各元素的 XPS 能谱的高分辨率谱图。从 XPS 能谱全谱可以看出，HNTs 不仅含有 Al、Si、O 元素，还存在少量 C 元素，这是由于在 XPS 测试过程中少量空气中的 CO_2 吸附到 HNTs 表面引起。从图 2-7（b）可以看出，HNTs 的 O1s 结合能谱可分解 532.9 eV 和 532.2 eV 两个峰，表明 HNTs 的 O 元素有两种存在类型。图 2-7（c）与（d）是 HNTs 中 Si2p 和 Al2p 的高分辨率谱图。从图中可以看出，该 HNTs 的 Si2p 和 Al2p 能谱曲线光滑、尖锐、平整，表明 HNTs 中的硅铝化物构成相对集中。

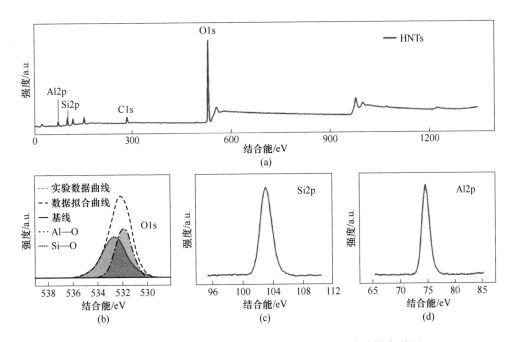

图 2-7　HNTs 的 XPS 光谱及各元素的 XPS 能谱的高分辨率谱图

（a）HNTs 的 XPS 光谱；（b）O1s 的高分辨率谱图；

（c）Si2p 的高分辨率谱图；（d）Al2p 的高分辨率谱图

（扫描书前二维码看彩图）

3 管状埃洛石定向膜的
离子传输特性研究

受表面电荷的影响，尺寸小于 100 nm 的纳米流体通道通常表现出独特的表面电荷调控离子传输特性[79-82]。许多具有独特的结构和丰富的表面基团的二维材料可以被组装成具有数百万个纳米离子通道的膜，其中包括氧化石墨烯、带有负电荷的氮化硼、蒙脱石及其他硅酸盐矿物[83]。将这些纳米材料组装成具有特定几何构型的聚集体可以带来一些整体的协同效应，该组装过程能够增强纳米材料的电化学、导电性、光学以及机电性能[84-85]。传统的组装方法包括聚焦离子束加工[86]、模具加工[87]、滴铸法[88]和化学气相沉积法。在过去的十几年中，科学家们利用传统的组装方法制备了一系列的离子通道，并广泛地研究了离子在这些通道中的传输机制[89-93]。但其中大多数的组装方法都需要外力和专门的设备来完成，很难制造出大面积均匀排列的纳米结构[94]。因此，迫切地需要大规模集成纳米流体器件以满足纳米流体的实际应用需求。

在天然的黏土矿物中，HNTs 因其内外表面的丰富基团、大比表面积、中空管状结构、生物相容性及环境友好性[31,95]而被应用于新型催化剂、药物载体和吸附剂等方面[28,96-97]。HNTs 的外径和内径尺寸分别为 10 ~ 15 nm 和 50 ~ 70 nm[98]，其内外表面具有不同的化学性质，这些性质能够允许对 HNTs 内外表面进行改性，旨在提高其在溶液中的分散性。HNTs 因其在补强、输运、电化学和储能方面的独特优势而受到广泛关注[99]。

此外，研究人员通过各种有效的方法制备了具有特殊功能的膜。例如，Yasushi 等[100]通过 Langmuir 法制备了 Langmuir-Blodgett 杂化膜。结果表明，吸附在 Langmuir-Blodgett 膜上的亚甲基蓝阳离子单体沿海泡石纤维方向排列，证明其存在于海泡石纤维通道中。Lvov 等[101]将液滴铸造法应用于 HNTs 的自组装上，获得了高度有序的 HNTs 膜。然而，在 HNTs 膜中的离子传输性能却鲜有报道。

在本章节中，我们将使用 IHES 法[102-104]对 HNTs 结构进行优化。IHES 法可以通过蒸发将分散体中的纳米颗粒在固体基材上自组装形成有序的图案。作为一种快速、普遍可靠且可重复的方法，IHES 法能够生产有序的纳米颗粒薄膜而不受纳米颗粒尺寸的任何限制[5]。我们使用 SHMP 对 HNTs 表面羟基进行官能化来增强 HNTs 的表面电荷，进而提高 HNTs 单体的分散稳定性。使用 IHES 法制备了具有纳米流体通道的大规模 HOM，进一步研究了 HOM 中纳米离子通道的离子传输性质，并探究了 HOM 在不同电解质溶液中的受表面电荷调控的离子传输行为。

3.1 实验材料与仪器

3.1.1 实验材料

本实验所用 HNTs 来自广州润沃材料科技有限公司；SHMP 和无水乙醇购自国药化学试剂北京有限公司；氯化钾（KCl）、氯化钠（NaCl）、聚二甲基硅氧烷（PDMS）和氯化钙（CaCl$_2$）购自北京杰尔生物科技有限公司；氢氧化钠（NaOH，1 M）和盐酸（HCl，1 M）购自西陇科学股份有限公司。

3.1.2 实验仪器与测试

（1）样品的 FT-IR 由 Thermo Fisher Nicolet 6700 型傅里叶变换红外光谱仪记录，扫描范围 400~4000 cm^{-1}。

（2）样品的 TEM 测试由 JEOL JEM 2100 型透射电镜在 100 kV 的加速电压下进行成像。

（3）样品的微观形貌由 NOVA Nano SEM 430 型 SEM 表征。

（4）样品的定向情况是使用有交叉偏振器的 XP-700 双目型偏光显微镜确定，图像由安装在显微镜上的数码相机拍摄。

（5）样品的跨膜离子电流由连接到 Keithley 2636B 数字源表上的一对 Ag/AgCl 电极记录。使用 7 mm×5 mm 的矩形条状 HOM 制备纳米流体装置。

3.2 管状埃洛石/六偏磷酸钠复合物的制备及表征

3.2.1 管状埃洛石/六偏磷酸钠复合物的制备方法

本实验利用 SHMP 对 HNTs 外表面基团进行功能化，具体步骤如下。

（1）将 10 g HNTs 分散于 1000 mL 去离子水中磁力搅拌 1 h，获得 HNTs 分散液。

（2）将上述分散液静置 10 min 后，取上层清液离心洗涤 3~4 次，然后将所得 HNTs 置于烘箱中，在 80 ℃条件下烘干 12 h，得到纯净的 HNTs。

（3）将(2)中制备的 2 g HNTs 缓慢地加入 4 mg/mL 的 SHMP 溶液中，室温条件下磁力搅拌 24 h 后静置 3 h，取上清液离心洗涤后得到 SHMP 功能化的 HNTs。

3.2.2 管状埃洛石/六偏磷酸钠的表征

通过 FT-IR 图谱可以推断化合物结构、进行物质分析以及确定物质所含官能团的种类和所处的化学环境。图 3-1 为 HNTs 和 SHMP/HNTs 的 FT-IR 图谱。从图中可以看出，振动带 3625 cm^{-1} 和 3703 cm^{-1} 分别归属于 HNTs 中 Al—OH 基团的伸缩振动和 HNTs 内表面 Al—OH 基团的吸收谱带[105]。HNTs 的 Si—O—Si 基团的信号带位于 1036 cm^{-1} 附近，而小于 1036 cm^{-1} 的振动谱带归属于 Si—O 和 Al—O 基团的对称或垂直伸缩振动[105]。与未经功能化的 HNTs 相比，振动带 2920 cm^{-1} 和 1685 cm^{-1} 的强度增加，归因于 [HPO4]$^{2-}$ 中 O—H 的伸缩振动[106]。同时，3400 cm^{-1} 的强度明显增加，这是由于 SHMP 与 HNTs 内表面中的 Al—OH 基团发生作用，表明 SHMP 通过氢键连接在 HNTs 的内表面上。

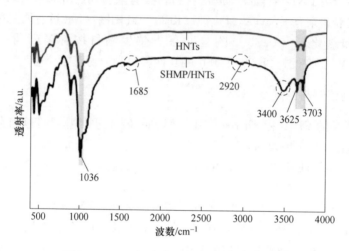

图 3-1   HNTs 与 SHMP/HNTs 的红外光谱图

图 3-2（a）为 SHMP/HNTs 在分散液中的丁达尔现象。当红光穿过 SHMP/HNTs 分散液时，光被悬浮在水中的 HNTs 散射，形成一条光亮的"通路"，表明功能化后的 HNTs 具有良好的分散性。图 3-2（b）为 HNTs 的 TEM 图像，从图中

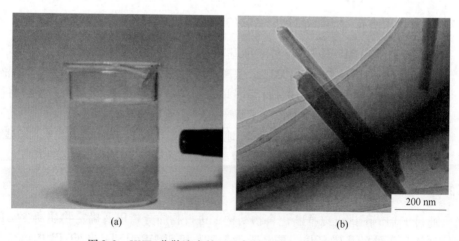

图 3-2   HNTs 分散液中的丁达尔效应及 HNTs 的 TEM 图

（a）HNTs 分散液中的丁达尔效应；（b）HNTs 的 TEM 图

（扫描书前二维码看彩图）

可看出 HNTs 的管长为 600~700 nm，具有中空管状结构和均匀的孔径。HNTs 两端端口未被堵塞，管内可以有效地进行离子传输。

3.3 管状埃洛石定向膜的制备及表征

3.3.1 管状埃洛石定向膜的制备方法

本实验利用 IHES 法对 HNTs 在宏观上进行大规模排列，其具体步骤如下。

（1）将一定量的 SHMP/HNTs 分散到含有质量百分比为 98% 的去离子水和 2% 的无水乙醇溶液中超声 30 min，分别制备 SHMP/HNTs 浓度为 5 mg/mL、10 mg/mL、15 mg/mL 和 20 mg/mL 的分散液。

（2）将 30 mL 不同浓度的 SHMP/HNTs 分散液置于容量为 50 mL 的烧杯中。

（3）将无水乙醇清洗干净的亲水玻璃片垂直浸入烧杯的分散液中。

（4）将上述（3）中的样品置于烘箱中烘干，烘干温度分别为 60 ℃、70 ℃、80 ℃ 和 90 ℃，SHMP/HNTs 会在玻璃片的两面形成具有大规模定向结构的薄膜。同时，使用 NaOH 和 HCl 来调节分散液的 pH。

3.3.2 管状埃洛石定向膜的表征

通过 IHES 法，方向呈无规则状态的 HNTs 可以很容易地在亲水固态基体上自组装形成大规模 HOM。图 3-3（a）为 HOM 的光学照片。从宏观上可以看出，浅黄色的 HOM 像纸一样平铺在塑料培养皿中。而 HOM 的微观结构如图 3-3（b）所示，在扫描电子显微镜较高的放大倍数下，可以看到密密麻麻的单个的 HNTs 整齐地沿着一个方向排列，组成了数以万计的纳米离子通道。

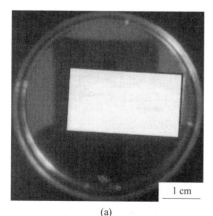
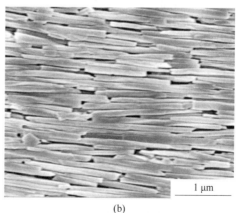

（a）　　　　　　　　　　　（b）

图 3-3　HOM 的光学及扫描电镜照片
（a）HOM 的光学照片；（b）HOM 的扫描电镜照片

　　HNTs 属于天然晶体，其自组装形成的薄膜的光学特征可以在宏观上直接反映 HNTs 的排列情况[107-108]。双折射性引起的明暗场变化是判定 HNTs 膜是否取向的关键。使用偏光显微镜，在正交偏光系统下表征 HNTs 在宏观上的大规模排列情况。图 3-4 为 HNTs 发生排列与未发生排列膜的偏振光学照片。图中黑色箭头代表交叉的两极方向，绿色箭头代表的是 HNTs 排列的方向。如图 3-4（a）所示，随着偏振方向与膜夹角的改变，HNTs 膜的透光率未发生明显变化，表明 HNTs 未发生定向排列。在经过 IHES 法制备的 HNTs 膜上随机选取距离为 0.5 cm 的两个点（大规模排列）进行偏光显微镜分析。由图 3-4（b）（c）可以发现，当偏振方向与 HNTs 排列方向呈 45°时，HOM 呈最亮状态。当偏振方向与 HNTs 排列方向平行时，HOM 呈最暗状态。HOM 的透光率会随两者之间的夹角变化而发生变化，表面 HNTs 有序规整排列，膜上具有致密条纹。

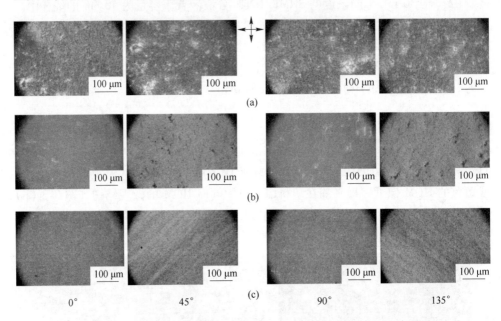

图 3-4　HNTs 未发生排列膜的偏振光学图像（a）、HNTs 发生排列膜的随机点 1 的
偏振光学图像（b）和 HNTs 发生排列膜的随机点 2 的偏振光学图像（c）
（扫描书前二维码看彩图）

3.3.3　管状埃洛石排列机理

　　IHES 法是在垂直沉积法的基础上发展起来的，为了能够快速便捷地利用 IHES 法制备大规模 HOM，有必要掌握 HNTs 的排列机理。图 3-5 为 HNTs 定向排列机理示意图。首先，SHMP/HNTs 具有良好的分散性，可以在水和无水乙醇的混合溶液中形成相当稳定的分散液。良好的分散性能够保证在溶剂的蒸发过程中纳米粒子以单体的形式长时间在溶液中悬浮而不发生团聚，保证了 HOM 的品质，如图 3-5（a）

所示。将亲水基板垂直放置在恒温蒸发自组装装置中，随着蒸发过程的进行，HNTs 会在基板上形成连续致密的薄膜，如图 3-5（b）所示。在恒温加热过程中，溶剂沿底壁向上移动，在烧杯中心向下移动，完成对流过程。当基板垂直插入中心位置时，溶剂会沿着基板的两侧向下移动，产生溶剂对流，从而带动单体 HNTs 流动分散到空气/溶液/基底的三相界面上并在基板上发生沉积，形成连续的 HOM，如图 3-5（c）所示。有序的晶格前沿是 HOM 生长的开始，如图 3-5（d）所示，当基板垂直插入分散体时，由于液体表面附近的溶剂渗透而形成润湿液膜。在溶剂蒸发过程中，分散体曲面的顶部与 HOM 的底部接触，导致 HOM 逐渐变大。当纳米管的浓度合适时，HOM 的生长速率与分散液液位下降速率相同，促使形成连续的大尺度 HOM。HNTs 平行于液面方向排列，原因是沿着液面方向排列时所消耗的能量最少。

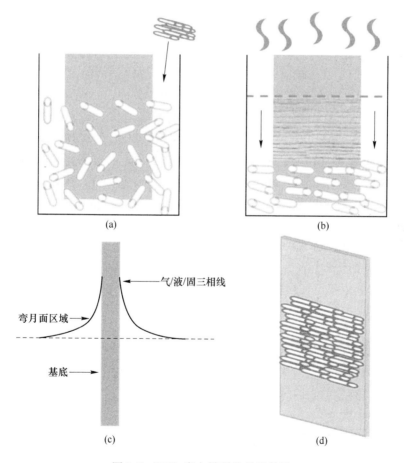

图 3-5　HNTs 定向排列机理示意图

（a）HNTs 分散于插有亲水基板的溶液中；（b）溶剂蒸发过程中 HNTs 单体在基板上沉积；
（c）基底三相界面示意图；（d）HNTs 在基板上形成具有定向结构的液膜

（扫描书前二维码看彩图）

3.3.4　管状埃洛石排列影响因素

HNTs 分散液的浓度、pH 以及恒温加热温度显著地影响着所形成的 HOM 有序度和结构。分散液浓度和 pH 会影响 HNTs 的分散性，而加热温度会影响分散液液面的下降速率。为了获得 HNTs 自组装排列的最优条件，进一步对影响因素的不同参数进行了研究。

3.3.4.1　浓度

HNTs 排列的有序程度高度依赖于 HNTs 分散液的初始浓度。纳米粒子只有在临界浓度时才会发生各向同性到各向异性的转变，然后进行自组装成膜[109]。考虑到在蒸发过程中 SHMP/HNTs 大量地集中分布在空气/溶液/基底的三相界面上，所以 SHMP/HNTs 的临界浓度应该大于等于在三相界面上有效成膜的最小浓度。研究发现[102]，为了获得完整的和连续的膜，物质初始浓度必须高于 3 mg/mL。SHMP/HNTs 的浓度过高会导致纳米管聚集和沉淀，致使膜的有序度变差。适当浓度的 SHMP/HNTs 会使纳米管排列成具有高度有序结构的薄膜。图 3-6(a) ~ (d)显示了 SHMP/HNTs 的不同浓度（5 mg/mL、10 mg/mL、15 mg/mL 和 20 mg/mL）对膜排列的影响。从图中可以看出，当浓度为 5 mg/mL、15 mg/mL、20 mg/mL 时，纳米管有排列的趋势，但有序度较低，图案难以预测。然而，从图 3-6（b）可以看出，当浓度为 10 mg/mL 时，纳米管在同一方向上紧密排列，形成大尺度的定向结构。这表明该浓度达到了取向的临界浓度，保证了 SHMP/HNTs 的分散性和沉积速率。

3.3.4.2　pH

分散液的 pH 值对 SHMP/HNTs 的分散性具有重要意义。由于 HNTs 的内部与外部具有不同的化学性质，出现了内部带正电荷、外部带负电荷的现象。SHMP/HNTs 的自组装依赖于其分散液的 pH 值，SHMP/HNTs 单体之间的静电排斥防止了其随机聚集，并为纳米管的排列自组装提供了足够的时间和空间。当 pH 值范围在 4 ~ 7 时，HNTs 具有良好的分散性[110]。图 3-6(e) ~（h）为 SHMP/HNTs 分散液在 pH 值为 4、5、6 和 7 时的 SEM 照片。从图 3-6(g)可以看出，当 pH 值为 6 时，SHMP/HNTs 排列有序并沿同一方向延伸。虽然其他 pH 值的纳米管也以小尺度的规模排列，但它们的取向各不相同。

3.3.4.3　温度

IHES 法的恒温加热温度对 SHMP/HNTs 的自组装排列和规模有着重要的影响。SHMP/HNTs 分散液的临界条件实验温度需要控制在 75 ℃ 以上。在这种情况下，蒸发过程中分散液液面的下降速率将略高于纳米管的沉积速率，保证分散体能够源源不断地供应。SHMP/HNTs 在三相界面的沉积的温度是恒定的，温度一般与沸点相当，所以整个沉积成膜的过程是非常迅速的。在 HOM 制备过程中，温度直接影响溶剂的蒸发速率和纳米管移动速率，进而影响 HOM 的质量。图 3-6(i)～(l)为 60 ℃、70 ℃、80 ℃和 90 ℃的蒸发温度下的 SEM 图像。温度过高，会导致溶剂蒸发过快，SHMP/HNTs 无法在基底上形成连续致密的结构。反之，温度过低，溶剂蒸发过慢，导致纳米管的转移速率变慢，形成的薄膜的有序性差。如图 3-6(k)所示，当温度保持在 80 ℃时，纳米管在整个区域形成了致密有序的结构。

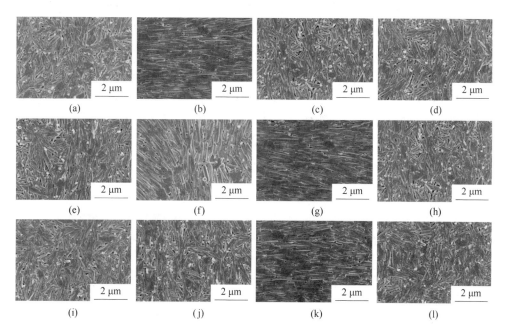

图 3-6　在不同浓度、不同 pH 值、不同加热温度下形成的 HOM 的 SEM 照片

3.4　管状埃洛石定向膜的离子传输特性

目前，一维纳米离子通道的构建仅限于单通道器件且过度依赖于复杂的材料加工技术和昂贵的科学仪器[111]。考虑到实际的应用，离子通道所面临的挑战是如何使用简单快捷、经济有效的手段在宏观层面上大规模地制造含有单纳米离子通道的材料[112]。天然存在的 HNTs 黏土矿物和 IHES 法为其提供了一种可行的材料和方法。成本低廉的 HNTs 具有特殊的管状结构以及内外表面不同的层电荷，具备离子传输的基本条件。HNTs 沿着一个方向整齐地排列，形成了丰富的离子通道。因此，利用其形成的大规模 HOM 来探索 HNTs 在纳米离子通道领域的应用。

　　分散在溶液中的单体 HNTs 沿着相同方向排列堆叠，在管内部、管与管之间形成了大量的互相连通的纳米流体通道。所形成的 HOM 具有理想的宏观尺寸，不需要将外部电极直接与离子通道相连。HOM 的大小和形状可以被很容易地控制，从而产生面积更大的纳米流体通道阵列、更高的离子通量和电流。在本章节中，我们制备了一种测试 HOM 的离子传输的新装置，如图 3-7（a）所示。为了研究 HOM 中的离子传输特性，将矩形条带状的 HOM 浸入 PDMS 预聚物和固化剂的混合物中。固化后，HOM 会嵌入 PDMS 弹性体中，如图 3-7（b）所示。使用打孔工具对固化后的 PDMS 进行打孔，使 HOM 两端暴露于电解质溶液中，将一对 Ag/AgCl 电极置于孔中来测量经过的离子电流。在测试前，将 HOM 纳米流体装置在去离子水中浸泡两天以确保离子通道被水完全渗透，然后在电解质溶液中浸泡 24 h 以获得相应盐浓度下的稳定电导。HOM 的浸润程度可以通过测量流过膜的离子电流来确定。最初，没有观察到电流，在水中暴露约 40 min 后，观察到可测量的电流，然后随着时间的推移电流逐渐增大。

　　图 3-7（c）显示了在不同浓度的 KCl 溶液中一组具有代表性的电流-电压（I-V）曲线。可以看出，HOM 中的离子电流要高于之前报道的纳米流体通道

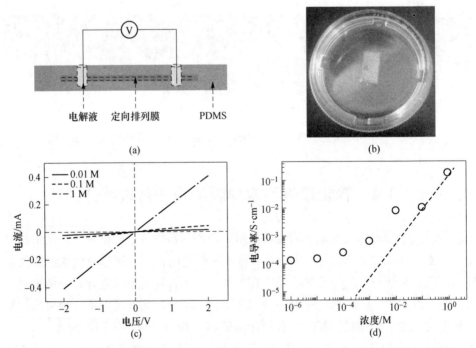

图 3-7　实验装置示意图与光学照片、跨膜 I-V 曲线及电导率随电解质浓度变化曲线
（a）实验装置示意图；（b）实验装置光学照片；（c）跨膜 I-V 曲线；
（d）电导率随 KCl 电解质浓度变化曲线

阵列[113-114]。该项工作中所使用的 HOM 的厚度约为 25 μm。HOM 的离子电导率（λ）是分别根据 HOM 中离子通道的有效高度（h_e）和 HOM 的物理厚度（h）计算得到，分别称为离子通道电导率和膜电导率，离子通道电导率可由方程式（3-1）确定：

$$\lambda_e = G[\, l/(h_e w)\,] \tag{3-1}$$

式中，G 为所测离子电导率，即 I-V 曲线的斜率[89]；l 和 w 分别为离子通道的有效长度和宽度，即 HOM 的实际长度和宽度。为了计算跨膜离子电导率，首先需要确定堆叠纳米通道 h 的有效高度，从 TEM 照片可得 HNTs 的内径和外径的尺寸分别为 20 nm 和 50 nm，计算得出离子通道的有效高度为 10 μm。因此，可以计算出不同 KCl 浓度与离子通道电导率的关系，如图 3-7 (d) 所示。随着电解质浓度降低到 10^{-4}M 时，由于纳米通道中双电层的重叠。离子电导率收敛到一个饱和值，表明 HOM 中的纳米离子通道具有很强的离子传输调控行为。

为了验证 HOM 具有普遍的离子传输特性，本实验使用相同的测试装置测试了 NaCl 和 CaCl₂ 的水溶液在 HOM 中的离子传输性质。如图 3-8 (a)(b) 所示，具

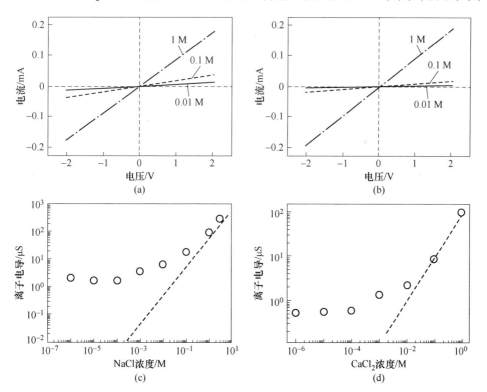

图 3-8 跨膜 I-V 曲线及电导率随电解质浓度变化曲线

（a）NaCl 跨膜 I-V 曲线；（b）CaCl₂ 跨膜 I-V 曲线；（c）电导率随 NaCl 溶液浓度变化曲线；

（d）电导率随 CaCl₂ 溶液浓度变化曲线

有代表性的 I - V 曲线在各种浓度的 NaCl 和 CaCl$_2$ 溶液中是线性的。同时，从图 3-8（c）（d）可以看出，当电解质浓度低于 10^{-4}M 时，可观察到离子电导率收敛到一个饱和值，这与体相电导率明显不同。在这种体积浓度下，跨膜离子电导率与电解质浓度无关，这是表面电荷控制的离子传输行为的一个典型特征。

4 导电管状埃洛石/聚吡咯复合物的电化学性能研究

储能设备作为世界供能系统的重要组成部分，在环境友好、能源危机、工业文明和现代经济社会中发挥着深远的作用[21,115]。ZIBs 因其丰富的锌储量和高理论比容量（5855 mAh/cm³）而成为储能系统中柔性和便携式电子应用中最具前途的充电电池之一[13,14,116-117]。然而，锌枝晶的生长、副反应及正极的低电导率严重阻碍了 ZIBs 的下一步发展[118-119]。这些情况促使研究人员开发合适的正极材料以实现 ZIBs 的大规模实际应用[120]。到目前为止，几种正极材料已经被开发出来。例如氧化锰正极材料[121-122]、钒基正极材料[123-125]、普鲁士蓝类似物正极材料[126-127]及其他正极材料[128-130]。但是，这些正极材料中的大多数在循环过程中存在着低电导率和体积膨胀等问题，显著地影响着它们的电化学性能[119]。相比之下，具有长链的有机导电聚合物因其氧化还原活性和优异的导电性而引起了极大的关注[131-132]。其中，PPy 因其容量大、易于合成及无毒特性而受到广泛关注[133-134]。此外，PPy 可以在快速氧化还原反应过程中储存电荷[134]。然而，PPy 也存在着比表面积低、电解液中不稳定等缺陷，并进一步导致在循环过程中发生一些副反应，这通常会影响电池的寿命和实际应用[135]。因此，非常需要开发一种有效的策略来完善 PPy 使其能够在各个方面成为有竞争力的、令人满意的 ZIBs 正极候选材料。

作为一种天然存在的 1∶1 型硅铝酸盐矿物，HNTs 由于其与生俱来的中空管状结构和高比表面积而被广泛应用于各个学科[136-137]。许多研究人员已经在不同领域对基于 HNTs 的复合材料开展了研究。最近，Rouhi 等[138]设计了 PPy/HNTs/Fe₃O₄/Ag/Co 纳米复合材料用于光催化降解亚甲基蓝。Du 等[139]合成的 PPy/HNTs/AgNF 聚氨酯基复合泡沫在大规模压阻传感器中具有潜在应用。

在本章节中，我们考虑到 HNTs 的高比表面积和 PPy 的优异导电性，HNTs 和 PPy 的组合表现出作为 ZIBs 正极材料的良好潜力。在此，我们通过简单快捷的一步原位聚合法，使用 PPy 对 HNTs 外表面结构进行优化，制备了 HNTs-PPy 纳米复合材料并应用于 ZIBs 正极。吡咯通过硅氧烷和羟基提供的活性位点紧密聚合在 HNTs 的外表面上[140]，有利于在水溶液中的分散，并有助于在 ZIBs 正极材料中发挥突出的潜力。

4.1　实验材料与仪器

4.1.1　实验材料

HNTs 购自广州润沃科技有限公司；吡咯和六水氯化铁（$FeCl_3 \cdot 6H_2O$，≥99.0%）购自杭州博凝生物科技有限公司；七水硫酸锌（$ZnSO_4 \cdot 7H_2O$，≥99.0%）和 N-甲基-2-吡咯烷酮（NMP，≥99.0%）购买于海阿拉丁生化科技有限公司；玻璃纤维隔膜（Whatman GF/A）、导电炭黑、聚偏二氟乙烯（PVDF）和纽扣电池（CR2032）购买于赛博电化学材料网；锌箔和不锈钢（SSF）购自盛世达金属材料有限公司。

4.1.2　实验仪器与测试

（1）HNTs 和 HNTs-PPy 的 Zeta 电位和流体动力学半径由 Zetasizer Nano ZS90（Malvern Instrument，U.K）型纳米粒径电位分析仪测量。

（2）样品的 XRD 数据由带有的 Cu 靶辐射源的 Bruker D8 Advance X 型 X 射线衍射仪记录。

（3）样品的 FT-IR 由 Nicolet IS10 FT-IR 型 FT-IR 光谱仪在 400～4000 cm^{-1}范围内测试。

（4）使用 NETZSCH STA 449 F5/F3 Jupiter 同步热分析仪在 10 ℃/min（25～650 ℃）的加热速率下对样品进行分析。

（5）TEM 和元素映射分析在 JEOL JEM 2100 型透射电镜上进行，加速电压为 100 kV。

（6）样品的微观形貌由 SU8020 HITACHI 型扫描电子显微镜表征。

（7）样品的表面元素的化学态由 ESCALAB 250 Xi 型 X 射线光电子能谱仪确定。

（8）在 CHI660E 电化学工作站上进行 CV 测试（0.3～1.5 V）和 EIS（0.01～100 kHz）测试。

（9）电池的倍率性能和循环性能测试在多通道电池测试系统（LAND，CT2001A）上进行。

4.2　导电管状埃洛石/聚吡咯复合物的制备及表征

4.2.1　导电管状埃洛石/聚吡咯复合物的制备方法

本实验使用 PPy 对 HNTs 进行结构优化与功能化，具体步骤如下：

（1）将 2 g HNTs 粉末分散到 200 mL 去离子水中超声 30 min，获得良好分散的 HNTs。

（2）将 2 mL 吡咯缓慢加入上述（1）中的分散液中，并在冰浴条件下磁力搅拌 1 h，使吡咯充分溶解在分散液中。

（3）在磁力搅拌条件下，将 4 g 作为催化剂的 $FeCl_3 \cdot 6H_2O$ 加入分散液中，搅拌 3 h。

（4）用去离子水将上述分散液离心洗涤 3~4 次，将所得沉淀在 50 ℃条件下烘干 12 h，获得产物。

HNTs-PPy 的具体制备过程如图 4-1 所示。HNTs 的外表面具有丰富的负电荷，能够以单个纳米管的形式很好地分散在水中。在吡咯的原位聚合过程中，PPy 被涂覆在每个单独的纳米管表面上，HNTs 的大比表面积提供了足够的空间和活性位点。这种高效的一步原位聚合过程简单直接，无须复杂的化学反应和任何模板，使大规模生产该种正极材料更加方便。

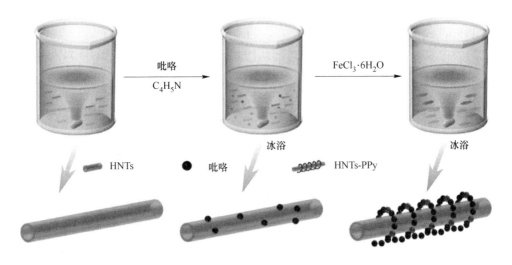

图 4-1 HNTs-PPy 制备过程示意图

（扫描书前二维码看彩图）

4.2.2 导电管状埃洛石/聚吡咯复合物的表征

HNTs 和 HNTs-PPy 的粒径分布如图 4-2 所示。可以看出，HNTs 的粒径约为 440.2 nm，HNTs-PPy 的粒径约为 555.8 nm。复合物的粒径变大，表明 PPy 成功地包覆在 HNTs 的外表面上。

同时，进一步测量了 HNTs 和 HNTs-PPy 的 Zeta 电位，如图 4-3 所示。从图中可以看出，HNTs 和 HNTs-PPy 的 Zeta 电位分别为 −29.6 mV 和 +29.8 mV，这是由于 HNTs 被带正电的 PPy 覆盖所致。在吡咯聚合的过程中，HNTs 外表面的负电荷

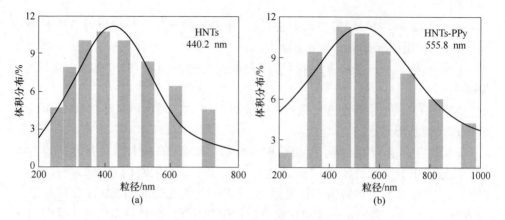

图 4-2　HNTs 和 HNTs-PPy 的粒径分布图

（a）HNTs 的粒径分布；（b）HNTs-PPy 的粒径分布

被 PPy 的正电荷中和，导致 Zeta 电位的变化[5]。根据 DLOV 理论[141]，HNTs
之间的排斥力会随着 HNTs 所带电荷的增加而增强，有助于提高 HNTs 分散的
稳定性。

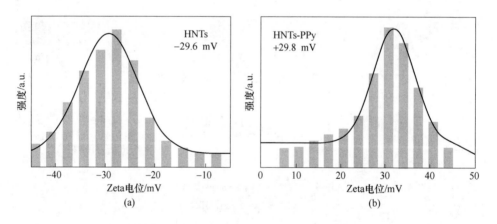

图 4-3　HNTs 和 HNTs-PPy 的 Zeta 电位分布图

（a）HNTs 的 Zeta 电位分布；（b）HNTs-PPy 的 Zeta 电位分布

图 4-4 为 HNTs、PPy 和 HNTs-PPy 的 XRD 图谱。可以看出，在衍射角度为
$2\theta = 12.66°$、$20.24°$、$25.16°$、$35.32°$、$55.18°$ 和 $62.74°$ 处的衍射峰很好地与
HNTs 的特征峰相对应，表明 HNTs 具有良好的结晶度。PPy 的 XRD 图谱显示在
$2\theta = 12.66° \sim 20.24°$ 范围内有一处较宽的衍射峰，表明 PPy 是无定型状态。当
HNTs 被 PPy 包覆后，HNTs-PPy 的 XRD 谱图显示出与 HNTs 相似的特征衍射，表
明 HNTs 经 PPy 包覆后 HNTs 的晶体结构保持不变。

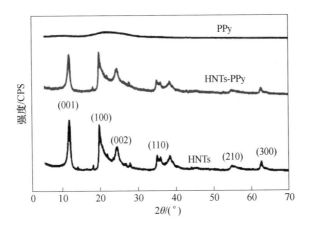

图 4-4 HNTs、PPy 和 HNTs-PPy 的 XRD 图谱

HNTs、HNTs-PPy 和 PPy 的 FT-IR 如图 4-5 所示。其中，HNTs 的振动谱带 912 cm^{-1} 归属于 Al—OH 的振动[142]。Si—O 基团的弯曲和拉伸振动的特征振动谱带在 691 cm^{-1} 和 1031 cm^{-1}[76]。3622 cm^{-1} 和 3692 cm^{-1} 处红外吸收振动为 HNTs 内部羟基和内表面羟基的 O—H 拉伸振动。PPy 的 1186 cm^{-1} 处的红外吸收振动归属于 C—H 的面外弯曲和面内弯曲振动。1316 cm^{-1} 和 1469 cm^{-1} 两处的振动谱带对应于 C—H 伸缩振动。吡咯环的特征振动谱带位于 1555 cm^{-1}。而 HNTs-PPy 的 FT-IR 包含 HNTs 和 PPy 的所有振动谱带，表明 PPy 如预期一样包覆在 HNTs 外表面。

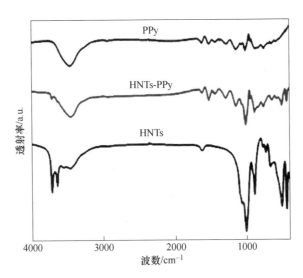

图 4-5 HNTs、HNTs-PPy 和 PPy 的红外光谱图

　　图4-6 为 HNTs 和 HNTs-PPy 的 TGA 曲线。可以看出，HNTs 的第一个质量损失区间在 200 ℃以下，损失率为 2.3%，为 HNTs 的吸附水的蒸发。此外，第二个质量损失区间位于 200 ~ 650 ℃，损失率为 12.6%，这是由于 HNTs 发生脱羟基作用导致质量损失。与 HNTs 的 TGA 曲线相比，HNTs-PPy 的第二个失重阶段出现在 200 ~ 650 ℃的范围内，损失率达 15.9%。通过 TGA 曲线可以计算得出 HNTs-PPy 中的 PPy 负载率为 4.3%，证明 PPy 成功地包裹在 HNTs 外表面。

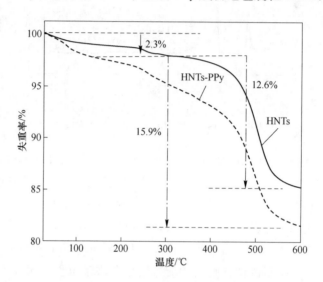

图 4-6　HNTs 和 HNTs-PPy 的热重（TGA）曲线

　　上述结果表明，通过简单快捷的一步原位聚合法将 PPy 包覆在了 HNTs 的外表面。为了确定其微观形貌以及能更直观地表征 PPy 在 HNTs 外表面的包覆状态，本实验通过 SEM 和 TEM 及其对应的元素映射对 HNTs 和 HNTs-PPy 进行了进一步的研究。图 4-7（a）为 HNTs 的 SEM、TEM 图谱及其相应 Al、Si、O、C 和 N 的元素映射图谱。从 SEM 图中可以看出，HNTs 分布均匀、大小一致、具有大的长径比和光滑的外表面，管长大致在 500 ~ 600 nm。HNTs 的 TEM 图谱显示，HNTs 具有中空的管状结构、管内直径分布均匀、整体结构完整。通过测量可得 HNTs 的外径尺寸大约为 55.2 nm。同时，HNTs 的 TEM 元素映射图谱清晰地显示 HNTs 含有大量的 Al、Si 和 O 元素。

　　图 4-7（b）为 HNTs-PPy 的 SEM、TEM 图谱及其相应 Al、Si、O、C 和 N 的元素映射图谱。值得注意的是，HNTs-PPy 的 SEM 图谱显示 HNTs-PPy 外表面的厚度变大且表面变粗糙。可以明显看出在 HNTs 外表面紧密地包裹着一层 PPy 纳米颗粒。HNTs 具有大的比表面积和丰富的活性位点，可为吡咯在 HNTs 表面的聚合提供足够的空间。通过 HNTs-PPy 的 TEM 图谱测量得出 HNTs-PPy 的外径尺寸约为 62.8 nm。与 HNTs 相比，HNTs-PPy 外表面的 TEM 元素映射图谱揭示了其

差异性，可以看出 HNTs-PPy 含有大量来自 PPy 的 C、N 元素。这些结果足以说明 HNTs 的外表面成功地形成了一层连续的 PPy 导电层。

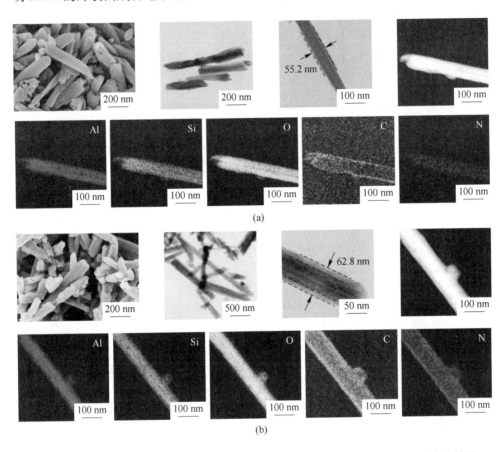

图 4-7 HNTs 和 HNTs-PPy 的 SEM、TEM 图谱及其相应 Al、Si、O、C 和 N 元素映射图
(a) HNTs 的 SEM、TEM 图谱及其相应 Al、Si、O、C 和 N 的元素映射图；
(b) HNTs-PPy 的 SEM、TEM 图谱及其相应 Al、Si、O、C 和 N 的元素映射图谱
（扫描书前二维码看彩图）

为了确定 HNTs 和 HNTs-PPy 表面所含元素成分含量及其化学态，对 HNTs 和 HNTs-PPy 进行了 XPS 测试。表 4-1 为 HNTs 和 HNTs-PPy 的表面元素成分及含量，可以看到 HNTs-PPy 含有大量来自 PPy 的 C、N 元素。

表 4-1 **HNTs 和 HNTs-PPy 的表面元素成分及含量** （%）

样　品	Al	Si	O	C	N
HNTs	13.1	13.91	59.8	13.18	—
HNTs-PPy	2.29	2.21	14.58	66.87	14.15

图 4-8（a）为 HNTs-PPy 的 XPS 光谱。从图中可以看出，HNTs-PPy 表面含有大量的 O、C、N 元素。该 XPS 图谱的详细原子分峰如图 4-8（b）~（c）所示。HNTs-PPy 的 N1s 结合能谱可分解为 401.2 eV 和 399.7 eV 两个峰，可归因于电子云从 PPy 外部扩散到 HNTs 内部，说明了 HNTs 和 PPy 之间具有较强的络合作用。HNTs-PPy 的 C1s 结合能谱可分解为 286.4 eV、285.0 eV 和 284.1 eV 三个峰。这三个峰分别对应着 PPy 中的 C—N、C—C 和 C≡C 键。

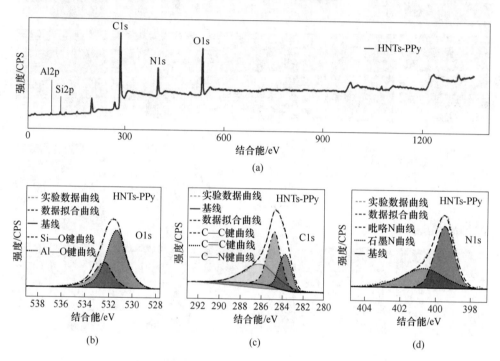

图 4-8　HNTs-PPy 的 XPS 光谱（a）、HNTs-PPy 的 XPS 能谱 O1s 的高分辨率谱图（b）、
HNTs-PPy 的 XPS 能谱 C1s 的高分辨率谱图（c）和 HNTs-PPy 的
XPS 能谱 N1s 的高分辨率谱图（d）
（扫描书前二维码看彩图）

图 4-9（a）为 HNTs 的 XPS 光谱。可以看出，除了 HNTs 本身所含有的 Al、Si、O 元素外，还有少量 C 元素的存在。这是由于在 XPS 测试过程中，空气中的二氧化碳会吸附在样品的表面。从图 4-9（b）可以看出，HNTs 的 O1s 结合能谱可分解 532.9 eV 和 532.2 eV 两个峰，表明 HNTs 的 O 元素有两种存在类型。相比之下，HNTs-PPy 中 C 和 N 的含量有显著增加。同时，HNTs 中 Si2p 和 Al2p 的结合能要高于 HNTs-PPy，见图 4-9（c）（d）。上述结果表明，PPy 不仅包覆在 HNTs 的外表面形成连续的导电层，同时与 HNTs 外表面还存在着较强的结合作用力。

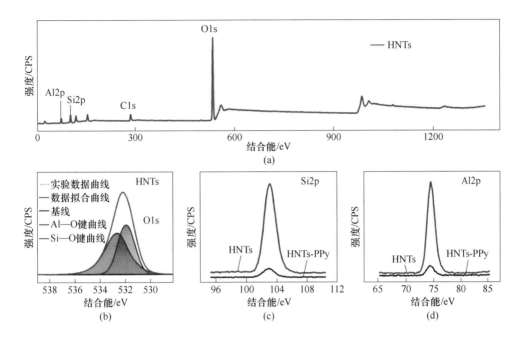

图 4-9 HNTs 的 XPS 光谱（a）、HNTs 的 XPS 能谱 O1s 的高分辨率谱图（b）、
HNTs 和 HNTs-PPy 的 XPS 能谱 Si2p 的高分辨率谱图（c）和
HNTs 和 HNTs-PPy 的 XPS 能谱 Al2p 的高分辨率谱图（d）
（扫描书前二维码看彩图）

4.3 导电管状埃洛石/聚吡咯复合物的电化学性能

4.3.1 锌离子电池正极的制备及其组装

本实验将 HNTs-PPy 作为可充电 ZIBs 的正极材料来测试其电化学性能，具体的 ZIBs 正极的制备及其组装步骤如下。

（1）称取质量为 0.7 g 的 HNTs-PPy 粉末、0.2 g 导电炭黑和 0.1 g PVDF 黏结剂在 20 mL 玻璃瓶内混合均匀，滴入 5 mL NMP 作为溶剂，磁力搅拌 8 h 得到均匀的浆料。

（2）使用涂布机将浆料缓慢均匀地涂覆在光滑的不锈钢箔表面，然后将其在鼓风干燥箱中以 90 ℃加热烘干 12 h，用作 ZIBs 的正极极片。

（3）将带有 HNTs-PPY 正极材料的不锈钢箔和厚度为 12 μm 的锌箔切成圆盘状电极，直径分别为 1.3 cm 和 1.5 cm，正极上 PPy 的有效负载量为 3 ~ 4 mg/cm²。

（4）以带有 HNTs-PPy 的不锈钢箔为正极、锌箔为负极以及直径为 2 cm 的玻璃纤维隔膜为分隔器组装纽扣型 ZIBs，电解液为 2 M 的 ZnSO₄ 水性溶液。同样制备以纯 PPy 为正极材料的纽扣型 ZIBs 作为对比进行测试。组装好的 ZIBs 见图 4-10。

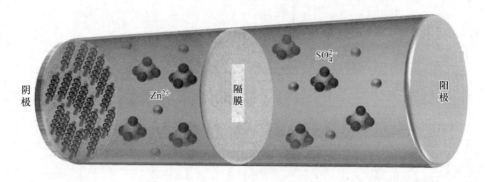

图 4-10　Zn/HNTs-PPy 电池示意图

（扫描书前二维码看彩图）

4.3.2　循环伏安分析

使用 CHI660E 电化学工作站对纽扣型全电池进行了 CV 测试。图 4-11(a)、(b) 为基于纯 PPy 和 HNTs-PPy 的 ZIBs 在不同扫描速率（1 mV/s、2 mV/s、3 mV/s、5 mV/s、10 mV/s）下的 CV 曲线，扫描电压范围为 0.3~1.5 V。从图中可以看出，所有的 CV 曲线在 0.8 V 处显现出明显的氧化峰，在 0.6 V 处呈现出还原峰，这与 ZIBs 中 Zn^{2+} 在 PPy 中的脱嵌和嵌入有关[131]。随着扫描速率的增大，CV 曲线的几何形状基本保持不变。同时，CV 曲线内面积较大，反映出 PPy 呈电容性质，与 PPy 中 P 型掺杂/去掺杂过程有关[143]。

图 4-11(c)(d) 为基于纯 PPy 和 HNTs-PPy 的 ZIBs 在扫描速率为 1 mV/s 下循环 5 个周期的 CV 曲线。从图中可以看出，纯 PPy 和 HNTs-PPy 在每个循环周期的 CV 曲线的几何形状几乎相同，未发生明显的变化，表明纯 PPy 和 HNTs-PPy 都具有优异的化学稳定性和良好的循环性能，具备作为 ZIBs 正极材料的优异潜力。

4.3.3　电化学阻抗（EIS）分析

作为电化学研究领域中一种常用的手段，EIS 控制电极的交流电位-电流以小幅度规律的正弦方式变化，从而对测量电极的交流阻抗进行模拟计算来获得电极的电化学参数的变化。图 4-12 显示了基于纯 PPy 和 HNTs-PPy 的 ZIBs 的 EIS 谱图。从图中可以看出，基于 HNTs-PPy 的 ZIBs 拥有更高的电荷转移内阻，证明 PPy 具有更好的导电性，这是因为 HNTs 的绝缘性影响了 HNTs-PPy 的导电性能。

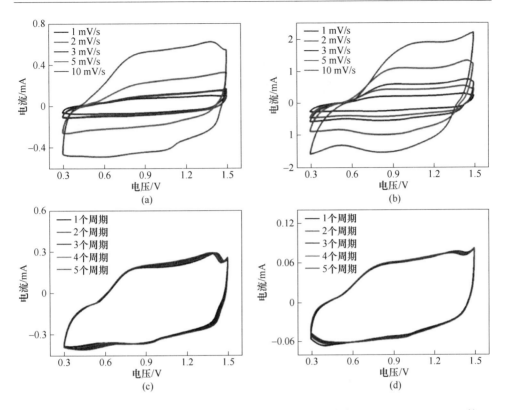

图 4-11 基于纯 PPy 的 ZIBs 在不同扫描速率下的循环伏安曲线（a）、基于 HNTs-PPy 的
ZIBs 在不同扫描速率下的循环伏安曲线（b）、基于纯 PPy 的 ZIBs 在扫描速率为 1 mV/s 的
循环伏安曲线（c）和基于 HNTs-PPy 的 ZIBs 在扫描速率为 1 mV/s 的循环伏安曲线（d）
（扫描书前二维码看彩图）

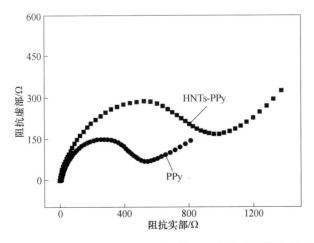

图 4-12 基于纯 PPy 和 HNTs-PPy 的 ZIBs 的电化学阻抗谱图

4.3.4　倍率性能测试

图4-13为基于纯PPy和HNTs-PPy的ZIBs在不同电流密度下的倍率性能。得益于HNTs的大比表面积和长径比，PPy能有足够的空间附着在HNTs的外表面，使得PPy能够在电解液中暴露更大的面积和更多的活性位点，从而使得电池内部反应更为迅速，进而提高电池比容量。很明显，基于HNTs-PPy正极的ZIBs在所有电流密度下的倍率性能都高于基于PPy正极的ZIBs。

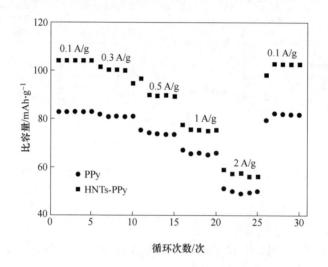

图4-13　基于纯PPy和HNTs-PPy的ZIBs在
不同电流密度下的倍率性能

4.3.5　充放电测试

充放电测试曲线被用来表征电池容量及其在运行过程中的衰减速率。图4-14（a）为基于纯PPy和HNTs-PPy的ZIBs在1st、200th和500th的充放电曲线图。HNTs-PPy正极在1st、200th和500th循环中的放电比容量分别为90.1 mAh/g、83.1 mAh/g和79.1 mAh/g。相比之下，PPy正极在1st、200th和500th循环期间的放电比容量分别为74.3 mAh/g、57.4 mAh/g和50.1 mAh/g。图4-14（b）还显示了具有PPy和HNTs-PPy正极的ZIBs在电流密度为0.5 A/g下的长循环性能。值得注意的是，基于HNTs-PPy正极的ZIBs的初始比容量为90.5 mAh/g，在500次循环后降至79.1 mAh/g，500次循环后的容量保持率为87.4%。相比之下，基于PPy正极的ZIBs具有较低的初始比容量，为74.4 mAh/g，500次循环后降至50.1 mAh/g，容量保持率为67.3%。可见，作为ZIBs正极的HNTs-PPy的性能明显好于纯

PPy, 与倍率性能结果相一致, 这归功于 HNTs 的大比表面积和长径比以及丰富的活性位点。

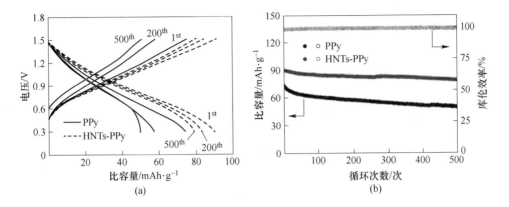

图 4-14 基于纯 PPy 和 HNTs-PPy 的 ZIBs 在 1st、200th、500th 的充放电曲线图 (a) 和基于纯 PPy 和 HNTs-PPy 的 ZIBs 的循环性能 (b)

(扫描书前二维码看彩图)

5 管状埃洛石涂层的电化学性 能 研 究

随着能源革命的不断推进，高效的化学储能装置得到迅猛的发展。作为储能系统中最重要的一环，LIBs 的进一步发展受到成本高、有毒电解质、易燃、资源枯竭等问题的制约[144-147]。因此，科学家们开发了各种可充电电池来应对当前发展局势，如 ZIBs[121]、钠离子电池[148]、镁离子电池[149]、铝离子电池[150]等[151-152]。水系 ZIBs 以廉价且储量丰富的金属锌作为负极材料、中性或微酸性锌盐水溶液作为电解质，锌离子插层材料作为正极[21,153]。在各类金属负极中，锌负极具有更高的体积能量密度（5855 mAh/cm³）和氧化还原电位（$E^0 = -0.762$ V，相对标准氢电极），确保锌金属能够直接应用于 ZIBs[154]。锌负极具有比容量高、无污染及循环寿命长等优点[115]。然而，锌负极在电池的充放电过程中易被电解液腐蚀，经常产生锌枝晶，电池内部发生一些副反应[155]。这些问题严重地制约着锌负极的形态稳定性以及 ZIBs 的实际应用[156]。解决这一问题的有效途径是在锌表面上形成一层有机或无机纳米粒子保护层。涂层材料与锌离子的相互作用能够进一步地改善负极电极表面的沉积微环境[157-158]。换言之，无机/有机纳米粒子可以促进锌负极和保护层之间表面上锌离子均匀的沉积/剥离，从而抑制锌枝晶的生长、防止锌负极被腐蚀以及减少副反应[159-161]。

在过去的几十年里，天然可用的纳米级黏土矿物因其热稳定性高、成本低、化学稳定性好以及环保特性而在储能领域受到极大的关注[162-164]。在众多天然黏土矿物中，许多具有合适纳米离子通道的天然矿物具有更高的离子电导率，如蒙脱石[165]、丝光沸石[166]、坡缕石[167]和 HNTs[7]。与其他矿物相比，HNTs 具有大长径比和丰富的羟基，是一种具有纳米管状形态的层状硅铝酸盐（见图 5-1），在涂层纳米材料[168]、相变材料[169]、纳米容器[170]、催化剂[171]和吸附剂[172]方面具有重要作用。

在本章节中，我们使用了一种高效且易于操作的电泳沉积法，依靠电泳沉积对 HNTs 进行结构优化，使其在锌负极表面形成了一层致密的 HNTs 涂层[173]。均匀且多孔的 HNTs 涂层经过精心设计，可产生各种形状的离子迁移通道。HNTs 涂层能够显著地抑制锌负极的腐蚀，有效地减少了析氢和副产物的形成。基于 HNTs 涂层锌负极（HNTs-Zn），所制备的 ZIBs 具有优异的电化学性能。

图 5-1 HNTs 的扫描电镜与透射电镜图谱

（a）HNTs 的 SEM 图谱；（b）HNTs 的 TEM 图谱

5.1 实验材料与仪器

5.1.1 实验材料

HNTs 购买于远鑫纳米科技有限公司；氢氧化钾（KOH，≥99.0%）、$ZnSO_4 \cdot 7H_2O$（≥99.0%）、一水硫酸锰（$MnSO_4 \cdot H_2O$，≥99.0%）、SHMP（≥99.0%）和 NMP（≥99.0%）购自西陇科学股份有限公司。聚乙烯醇缩丁醛（PVB，70% ~ 75%）、磷酸二丁酯（DBP，≥97.0%）和无水乙醇（≥99.7%）购自上海阿拉丁生化科技有限公司。锌箔和铜箔购自盛事达金属材料有限公司。电解二氧化锰（EMD）、导电炭黑、PVDF、玻璃纤维隔膜和纽扣电池购自赛博电化学材料网。

5.1.2 实验仪器与测试

本实验使用的仪器与测试方法如下。

（1）样品的 XRD 分析由 Rigaku D/max 2500PC 型 X 射线衍射仪记录（Cu 靶波长为 0.154178 nm），范围为 2.5° ~ 70°，扫描速率为 2°/min。

（2）样品的 FT-IR 光谱由 Thermo Fisher Nicolet 6700 型分光光度计记录，样品由 KBr 压片法制备，光谱分辨率为 4 cm^{-1}、扫描次数为 32 次、扫描范围为 400 ~ 4000 cm^{-1}。

（3）使用 ESCALAB 250 Xi 型 X 射线光电子能谱仪（Thremo Fisher）对样品进行 XPS 分析。

（4）样品的 TGA 分析由 Mettler-Toledo TG-DSC I/1600 HT 型同步热分析仪在流动空气气氛（100 mL/min）下进行。

（5）将 HNTs 沉积到铜网格上，在 JEOL JEM 2100 型透射电镜下以 100 kV 的加速电压进行 TEM 成像。

（6）利用带有能量色散 X 射线光谱仪（EDS）的 NOVA Nano SEM 430 型扫描电子显微镜观察 HNTs 涂层和裸锌表面的微观结构。

（7）使用 Dataphysics OCA50 型接触角测角仪测试锌负极表面的亲水性。

（8）在室温下使用 CT2001A 型多通道蓝电电池测试系统测试电池的倍率性能和循环性能，电压范围为 0.6 ~ 1.9 V。

（9）电池的 CV 曲线（电压范围为 0.6 ~ 1.9 V）、EIS 曲线（频率范围为 0.01 ~ 100 kHz，振幅为 5 mV）和 LSV 由上海辰华的 CHI660E 型电化学工作站记录。

5.2　管状埃洛石涂层的制备及表征

5.2.1　管状埃洛石涂层的制备方法

本实验使用电泳沉积法制备 HNTs 保护涂层，具体步骤如下。

（1）在磁力搅拌下将 1 g HNTs 粉末分散在 150 mL 的去离子水中，超声处理 20 min，得到单体分散的 HNTs 分散液。

（2）将 0.5 g SHMP 缓慢地加入上述 HNTs 分散液中，然后继续在室温条件下搅拌 24 h，之后将所得分散液离心洗涤 3 ~ 4 次，并在 80 ℃条件下干燥 8 h。

（3）将制备好的 0.4 g HNTs，0.4 g PVB，0.4 g DPB 和 10 mg KOH 依次加入 50 mL 无水乙醇中，超声处理 15 min，获得具有良好分散性的电泳分散液。

（4）将一片厚度为 12 μm 的锌箔和不锈钢箔用砂纸仔细打磨后作为电泳沉积的基底。用切割器将打磨好的锌箔和不锈钢箔切割成 2 cm × 3 cm 的矩形片，然后在 50% 的乙醇溶液中超声清洗 10 min 后在 80 ℃的烘干箱中干燥 30 min。

（5）以锌箔和不锈钢箔分别作为电泳沉积时的负极和正极，将它们垂直插入带有电泳分散液的石英烧杯中，负极和正极的距离为 3 cm。电泳沉积在恒压模式下进行，最大输出电压为 100 V，HNTs 会沉积到负极一侧形成致密的 HNTs 涂层。

（6）将带有沉积物的电极取出并置于空气中，待溶剂挥发后，将其放入 60 ℃烘箱中烘干 2 h。

电泳沉积法制备 HNTs 保护涂层的详细过程如图 5-2 所示。

5.2.2　管状埃洛石涂层的表征

由于 HNTs 在无水乙醇中的分散性较差，即使在超声处理后，HNTs 也会立即沉淀，不能满足电泳沉积所需的分散条件，使其难以在分散液中被制备成涂

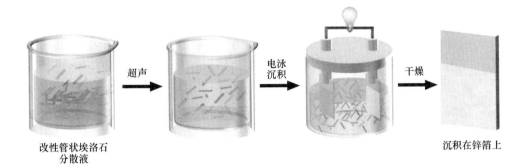

图 5-2 电泳沉积法制备 HNTs 涂层示意图

（扫描书前二维码看彩图）

层。所以，需要对 HNTs 进行预先的化学处理，使其能够在乙醇溶液中良好地分

散。在电泳沉积之前，采用 SHMP 对 HNTs 进行处理，带有负电荷的 SHMP 通过氢键吸附在 HNTs 内表面，增大了 HNTs 的带电性和 HNTs 单体之间的静电排斥力，增加了 HNTs 的悬浮稳定性，从而保证有足够的时间进行电泳沉积。图 5-3 为 SHMP 吸附在 HNTs 表面的示意图。

同时，利用 XPS 对 HNTs 表面所含元素及其化学态进行了分析，HNTs 的 XPS 能谱 Si2p，Al2p 和 O1s 的高分辨率谱如图 5-4 所示。从图中可以清楚地看出，HNTs 中 O1s 的电子结合能分别

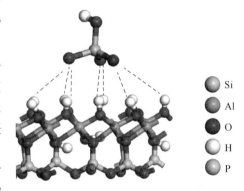

图 5-3 SHMP 吸附在 HNTs 表面的示意图[106]

（扫描书前二维码看彩图）

为 532.2 eV、533.0 eV 和 531.5 eV 对应于 HNTs 的 O—H、Si—O 和 Al—O 键，这与文献的报道相一致[174]。

目前黏土矿物在电泳沉积领域的研究较少，在已有报道中，均选用水作为电泳沉积液的分散介质。在水中进行电泳沉积的黏土矿物需要经过高温烧结处理才能与基底紧密地结合。烧结过后的黏土矿物涂层刚性较大，受力易破碎，不适用于在充放电过程中体积会发生膨胀的 ZIBs。而且在电泳沉积过程中由于电压过大、水的分解电压较低，导致沉积过程中电极附近产生析气现象，扰动沉积层附近的稳定性，进而影响涂层的完整性。

本实验以安全且廉价的无水乙醇作为沉积液的分散介质，满足了电泳沉积高电压的需求和合适的相对介电常数。同时，为了解决无水乙醇的不导电性，需要

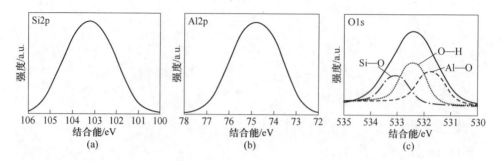

图 5-4　HNTs 的 XPS 能谱 Si2p、Al2p 及 O1s 的高分辨率谱图

（a）HNTs 的 XPS 能谱 Si2p 的高分辨率谱图；（b）HNTs 的 XPS 能谱 Al2p 的高分辨率谱图；

（c）HNTs 的 XPS 能谱 O1s 的高分辨率谱图

加入一定量的 KOH 导电剂，HNTs 才能够在电场作用下发生沉积。由于 HNTs 经 SHMP 处理后，纳米管单体之间的斥力增加，之间的结合作用力较弱，所以其形成的沉积层结构强度较低。因此，还需要向沉积液中加入适量的黏结剂以确保 HNTs 涂层的强度能够适用于 ZIBs。在众多的黏结剂中，PVB 以其溶于无水乙醇而不溶于水的性质和良好的黏结性成为本实验的首选。同时，PVB 还能够起到分散纳米颗粒的作用，保证 HNTs 有足够的时间形成具有致密结构的涂层。作为电泳沉积法常用的分散剂，DBP 同样具有导电和分散纳米颗粒的作用，只添加 DPB 的沉积液中 HNTs 的沉降速率较快，需要配合 KOH 和 PVB 共同使用。制备得到的涂层表面光滑平整，HNTs 分布均匀。干燥后的 HNTs 涂层紧密地附着在锌箔上，不易被剥离、不溶于水和电解质，满足其作为锌负极的基本要求。

经过 SHMP 的处理后，HNTs 在无水乙醇中的分散性大大提高。为了能够选择出最具抗腐蚀性、性能最优、更具离子传输能力的 HNTs 涂层，本实验制备了不同沉积时间的 HNTs 涂层，电泳沉积的时间为 2 min、4 min、6 min、8 min 和 10 min。将上述制备的不同时间的 HNTs 涂层分别标记为 HNTs-2、HNTs-4、HNTs-6、HNTs-8 和 HNTs-10。图 5-5 为 HNTs 涂层的沉积时间与沉积质量密度的关系图。从图中可以看出，随着沉积时间的增加，HNTs 涂层的沉积质量密度也在增大。当电泳沉积时间为 8 min 时，HNTs 的沉积质量密度最大，为 7.47 mg/cm^2。当电泳沉积时间为 10 min 时，涂层的沉积质量密度变小。

在整个电泳沉积过程中，分散液中的 HNTs 在电压的驱动下随着时间的增加，负极上的 HNTs 不断增加，导致 HNTs 涂层的质量密度增加。但沉积时间过长，会导致负极上的 HNTs 过多、涂层过厚而发生脱落，导致涂层的质量密度降低[175]。图 5-6 为 HNTs-10 的表面 SEM 图谱。从图中可以看出，HNTs-10 的表面产生较宽的裂缝，还有部分的 HNTs 涂层发生脱落，该现象与沉积时间和沉积质量密度的关系相一致。

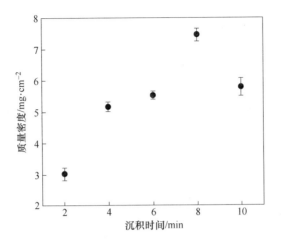

图 5-5　HNTs 涂层的沉积时间与沉积质量密度的关系图

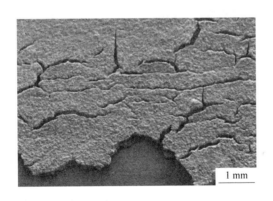

图 5-6　HNTs-10 的表面 SEM 图谱

　　同时，对不同电泳沉积时间的 HNTs 涂层的表面微观形貌进行了表征。图 5-7 为 HNTs-2、HNTs-4、HNTs-6 和 HNTs-10 的表面 SEM 图谱。从图中能够看出，不同电泳沉积时间的 HNTs 密集地堆叠在一起，表面较为平整，表面的微观形态基本一致。HNTs 错综复杂地搭建起了具有致密结构的保护网络，可以有效地传输离子，抑制锌枝晶的生长，防止电池发生短路。

　　LSV 通常被用来表征外部环境与所测电极材料产生的电化学作用，记录工作电极上的电流密度与电极电位之间的关系，与 CV 的原理相同。为了研究不同沉积时间的 HNTs 涂层的保护作用，将 HNTs 涂层在三电极体系中进行 LSV 进行测试，参比电极为甘汞、对电极为锌箔以及工作电极为 HNTs-Zn 或裸锌（Bare-Zn），电极的有效面积为 1 cm×1 cm，电解液为 2 M 的 $ZnSO_4$。在测试之前，需要将氮气通入电解液中 2 h 以去除电解液中的氧气。图 5-8 为 HNTs 不同沉积时间的 LSV

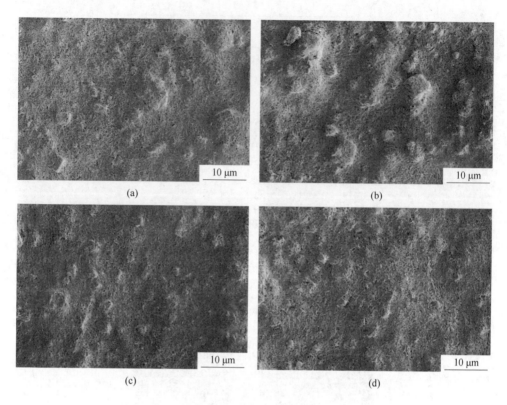

图 5-7　不同电泳沉积时间的 HNTs 的表面 SEM 图
（a）HNTs-2 的表面 SEM 图；（b）HNTs-4 的表面 SEM 图；
（c）HNTs-6 的表面 SEM 图；（d）HNTs-10 的表面 SEM 图

曲线。经换算可得 HNTs-2-Zn、HNTs-4-Zn、HNTs-6-Zn、HNTs-8-Zn 和 HNTs-10-Zn 的自腐蚀电流密度分别为 $-5.293\ mA/cm^2$、$-5.441\ mA/cm^2$、$-5.449\ mA/cm^2$、$-5.804\ mA/cm^2$ 和 $-5.335\ mA/cm^2$，随厚度的增加而降低，与 Bare-Zn 的自腐蚀电流为 $-5.088\ mA/cm^2$，HNTs-8-Zn 的自腐蚀电流密度最低。通常认为自腐蚀电流密度越低，在静置条件下负极越不容易发生自反应[176]。自腐蚀电位是在没有外加电流的条件下，在一个特定的反应体系中测得的电极电位，电位越高表明锌负极越不容易发生自腐蚀。本次实验中 HNTs-8-Zn 的自腐蚀电位为 $-1.008\ V$，均高于其他锌负极，说明 HNTs-8-Zn 在 2 M 的 $ZnSO_4$ 电解液中发生自腐蚀反应的可能性最低。这是由于锌表面的 HNTs 在强力电场下形成了结构致密的保护层，电解液不易渗入涂层，类似于金属表面的防腐涂层。

　　Zn/Zn 对称电池是以不同沉积时间的 HNTs-Zn 或裸锌为电极、玻璃纤维隔膜为分隔器和 2 M 的 $ZnSO_4$ 为电解液组装而成。使用电化学工作站对其进行 EIS 测试。图 5-9 为基于不同沉积时间的 HNTs-Zn 和裸锌电极的 Zn/Zn 对称电池的 EIS

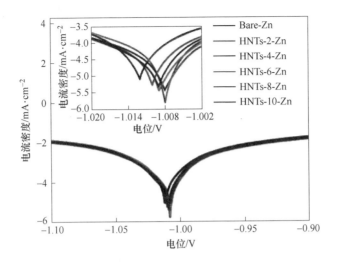

图 5-8　HNTs 不同沉积时间的 LSV 曲线
（扫描书前二维码看彩图）

谱图。图 5-9 的内嵌图为等效电路图，是由界面电容 CPE1 与电池欧姆内阻
（R1）和电荷转移内阻（R2）并联而成。由等效电路图可模拟计算得到电极的
电荷转移内阻。从图中可以看出，不同沉积时间的 HNTs-Zn 的电荷转移内阻均低
于 Bare-Zn。与 Bare-Zn 的电荷转移内阻 226.5 Ω 相比，HNTs-8-Zn 表现出最低的
电荷转移内阻，为 95.4 Ω。这表明 HNTs 能够显著地降低锌离子在沉积过程中的
电荷转移阻抗。这是由于 HNTs 具有独特的中空管状结构、丰富的表面活性位

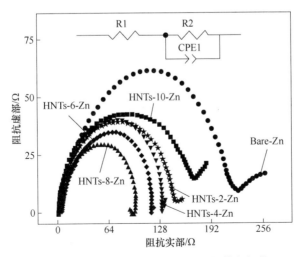

图 5-9　基于不同沉积时间的 HNTs-Zn 和裸锌电极的 Zn/Zn
对称电池的电化学阻抗谱图

点、优异的吸附性能以及较强的离子传输能力，能够有效地缩短锌离子的迁移路径[177]。

电解液中的离子迁移到 HNTs 管内及管与管的空隙之间会发生去溶剂化作用，络合在离子周围的水分子层厚度变小，沉积过程中所需去溶剂化的能量变少。图中高频区域的 EIS 半圆与涂层界面的离子吸附和解析有关[178]。随着沉积时间的增加，锌箔上的 HNTs 数量在逐渐地增多，有利于锌离子的传输，从而表现为较低的电荷转移阻抗。当沉积时间过长，涂层会出现裂纹甚至发生脱落现象，破坏了涂层的连续性和一致性，导致界面电阻增加[179]。鉴于上述分析结果，为更好地展现 HNTs 涂层对锌离子的沉积/剥离的优化效果，以沉积时间为 8 min 的 HNTs 涂层为研究对象进行下一步表征，从而验证其在 ZIBs 中的优越性。

利用 XRD 分析 HNTs 和 HNTs-Zn 的晶体结构及组成。图 5-10 为 HNTs，Zn 和 HNTs-Zn 的 XRD 图谱。从 HNTs 的 XRD 图谱可以看出，HNTs 具有良好的结晶度，完美地索引于管状埃洛石的 XRD 标准 PDF 卡片（PDF# 29-1487）。其中，HNTs 的特征衍射峰在 $2\theta = 12.66°$、$20.24°$、$25.16°$、$35.32°$、$55.18°$和$62.74°$处，分别对应于 HNTs 的（001）、（100）、（002）、（110）、（210）和（300）晶格平面。表明电泳沉积过程不会改变 HNTs 的天然晶体结构。锌箔的 XRD 图谱显示其特征峰很好地索引于锌金属的 XRD 标准 PDF 卡片（PDF# 87-0713）。而 HNTs-Zn 具有上述所有特征峰，由于 HNTs 涂层与锌箔为物理复合状态，HNTs 涂层与锌箔之间并未发生反应。

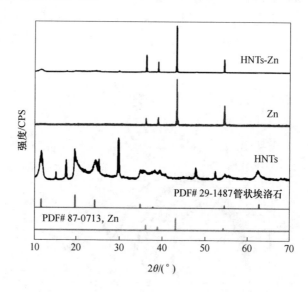

图 5-10　HNTs、Zn 和 HNT-Zn 的 XRD 图谱

在电泳沉积制备过程中，致密的 HNTs 涂层被 PVB 黏结，具有良好的力学性

能和抗腐蚀性。图 5-11 为 HNTs 涂层、PVB 和 HNTs 的红外光谱图（FT-IR）。从图中可以看出，振动谱带 3696 cm⁻¹ 和 3621 cm⁻¹ 处归属于 HNTs 的内表面羟基的伸缩振动带。1648 cm⁻¹ 处为 HNTs 上吸附水的强烈弯曲振动。振动谱带 1031 cm⁻¹ 和 691 cm⁻¹ 处归属于 Si—O—Si 基团的信号谱带。430 cm⁻¹ 处属于 Si—O 的变形振动[76]。与 HNTs 的 FT-IR 相比，HNTs 涂层的 FT-IR 的特征谱带强度均有明显的增加。有趣的是，在 2956 cm⁻¹ 和 2871 cm⁻¹ 处出现了新的振动谱带。其中，2956 cm⁻¹ 处对应于甲基中 C—H 的不对称伸缩振动，2871 cm⁻¹ 处归属于 C—H 的对称伸缩振动。振动谱带 2934 cm⁻¹ 处归属于 PVB 中 C—H 键的不对称拉伸振动。可以看出，HNTs 涂层基本上具备 HNTs 和 PVB 的所有特征振动谱带，表明 HNTs 涂层被 PVB 成功黏结[180]。

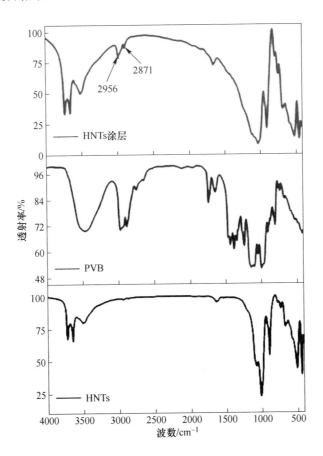

图 5-11　HNTs 涂层、PVB 和 HNTs 的红外光谱图

利用 TGA 仪器在空气气氛下表征 HNTs 和 HNTs 涂层的分解性能，HNTs 和 HNTs 涂层的 TGA 曲线如图 5-12 所示。从图中可以看出，HNTs 有两个失重台

阶。第一个失重台阶的范围为 0 ~ 300 ℃，质量损失率为 2.5%，可归因于 HNTs 的表面吸附水和层间水的蒸发；第二个失重的范围为 300 ~ 600 ℃，质量损失率为 13.9%，这是由于随着温度的升高，HNTs 内外表面的羟基发生分解。与 HNTs 的 TGA 曲线相比，HNTs 涂层的第一个失重台阶的范围为 0 ~ 330 ℃，质量损失率为 6.8%，质量损失率增大，这是由于在第一个质量损失阶段还存在着 PVB 的分解。PVB 在涂层的负载率可由公式（5-1）计算得出。

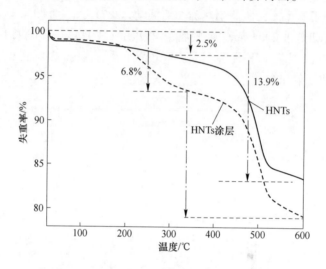

图 5-12　HNTs 和 HNTs 涂层的热重分析曲线

$$C_P = (1 - W_{H-P}/W_H) \tag{5-1}$$

式中，C_P 为 PVB 在 HNTs 涂层中的负载率；W_{H-P} 和 W_H 分别为 HNTs 涂层和 HNTs 在 600 ℃时分解所剩的质量分数。由此可以计算得出 PVB 在涂层的负载率为 5.1%，如此少量的 PVB 仅在 HNTs 涂层中起到连接作用，不会在电池运行过程中起到任何作用。

　　使用 SEM 对样品的微观形貌进行了分析。图 5-13 为锌箔和 HNTs-Zn 的表面 SEM 图谱。经过打磨后，锌箔表面的氧化层被完全去除，可以看到锌箔表面除了明显的划痕外再无其他杂质。从图 5-13(b)(c) 可以看出，管状的 HNTs 离散程度较高，在锌箔的表面分布均匀，并未观察到明显的聚集体，且其长轴方向平行于锌箔表面。这是由于 HNTs 在强烈的电场力作用下，紧密地堆叠到了一起，管与管之间纵横交错，形成致密的网状结构，其间分布的微孔同样能够起到传输锌离子的作用，优化锌离子在负极表面的沉积作用。

　　图 5-14(a)(b) 为 HNTs-Zn 的截面 SEM 图谱。从图中可以看到，涂层中的 HNTs 长轴依然保持着平行于锌箔的方向，排列整齐，厚度约为 25 μm。HNTs 通过电泳沉积过程自上而下地自组装成为涂层。在 HNTs 堆积重组的过程中，形成

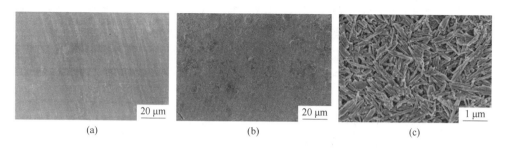

图 5-13 锌箔和 HNTs-Zn 的表面 SEM 图谱

了由 HNTs 组装成的纳米纤维网络，数以万计的纳米纤维网络组成了强度高、结构致密和多孔的 HNTs 涂层。HNTs 涂层与锌箔紧密贴合，避免了电解液与锌负极表面的直接接触，防止了锌负极被腐蚀。HNTs-Zn 截面的 Al、Zn 元素映射图谱如图 5-14(c)(d)所示，同样反映出了 HNTs 涂层厚度均一，在锌箔上分布均匀的情况，进一步证实了 HNTs 分布良好。

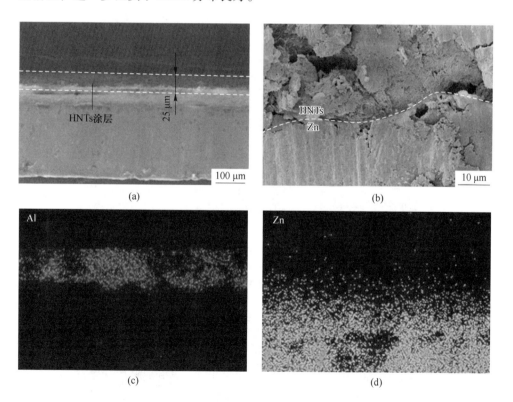

图 5-14 HNTs-Zn 的截面 SEM 图谱（a）、HNTs-Zn 的截面 SEM 图谱（b）、
HNTs-Zn 的 Al 元素映射图谱（c）和 HNTs-Zn 的 Zn 元素映射图谱（d）
（扫描书前二维码看彩图）

　　带有涂层的锌负极不仅需要由压片机经过 1500 N/cm² 的压强压制在纽扣型电池中，同时还需要承受高浓度的电解液腐蚀。为了验证涂层在锌负极上具有较强的稳定性，将 HNTs-Zn 负极置于 2 M 的 ZnSO₄ 电解液中。在浸泡、震荡和超声条件下观察其稳定性。图 5-15 为电解液中的 HNTs-Zn 分别在浸泡、震荡和超声条件下的稳定性光学照片。可以从图 5-15(a)(d)(g)(j) 看出，HNTs-Zn 负极在浸泡 0、1 d、10 d 和 20 d 后，HNTs-Zn 负极未发生任何改变。同样，图 5-15(b)(e)(h)(k) 显示了震荡时间为 0、1 h、12 h 和 24 h 后的稳定性情况，HNTs-Zn 表面均匀光滑，没有被腐蚀的迹象，HNTs 涂层在锌箔表面紧密贴合。甚至在超声 0、5 min、15 min 和 30 min 后 HNTs-Zn 依旧保持原样，HNTs 涂层未发生脱

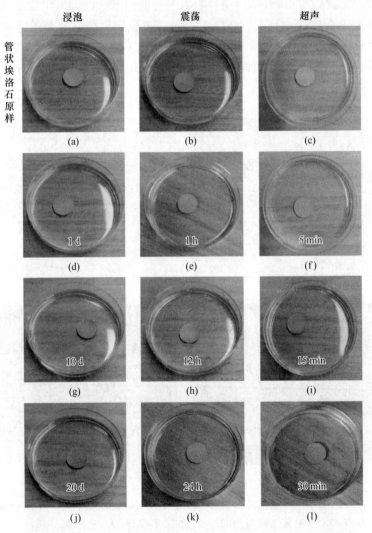

图 5-15　电解液中的 HNTs-Zn 分别在浸泡、震荡和超声条件下的稳定性光学照片

落，如图 5-15（c）（f）（i）（l）所示。表明了 HNTs 涂层牢固地附着在锌箔表面，具有非凡的稳定性，能够充分地满足 ZIBs 保护涂层的一切要求。

HNTs 在锌箔上形成的致密涂层，像"高速公路"一样传输着锌离子。因此，HNTs-Zn 在电解液中的亲水性显得尤为重要。图 5-16 为电解液在 Bare-Zn 和 HNTs-Zn 表面不同时间的接触角测试。由图可见，在 $t = 1$ min 时，电解液在 Bare-Zn 表面的接触角为 99.6°，远大于在 HNTs-Zn 上的 69.8°。静置 15 min 后，电解液在 Bare-Zn 表面的接触角减小为 54.6°，而 HNTs-Zn 上的电解液已经完全浸润。良好的亲水性有助于电极更快地浸润于电解液，扩大电解液与 HNTs-Zn 的接触面积，电池内部的锌离子定向移动更迅速、所受阻力减小，电导率增加，提高了电池的循环性能和容量，促使电池在运行过程中更稳定。

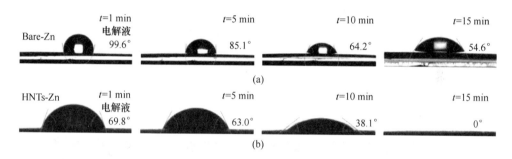

图 5-16 电解液在 Bare-Zn 和 HNTs-Zn 表面不同时间的接触角测试

5.3 管状埃洛石涂层的电化学性能

5.3.1 锌离子电池电极的制备及其组装

本实验以 MnO_2 作为可充电 ZIBs 的正极材料来制备 Zn/MnO_2 全电池，具体的 ZIBs 正极的制备及其组装步骤如下。

（1）称取质量分数为 70% 的 MnO_2 粉末、20% 的导电炭黑和 10% 的 PVDF 黏结剂共 1 g。在 20 mL 玻璃瓶内混合均匀，滴入 4.5 mL NMP 作为溶剂，磁力搅拌 8 h 得到均匀的浆料。

（2）使用涂布机将浆料缓慢均匀地涂覆在光滑的不锈钢箔表面，然后将其在鼓风干燥箱中以 90 ℃ 加热烘干 12 h，完全去除溶剂，用作 ZIBs 的正极极片。

（3）将带有 MnO_2 正极材料的不锈钢箔和厚度为 12 μm 的 Bare-Zn 或 HNTs-Zn 负极切成圆盘状电极，直径分别为 1.3 cm 和 1.5 cm，正极上 MnO_2 的有效负载量为 6 mg/cm^2。

（4）以带有 MnO_2 的不锈钢箔为正极、Bare-Zn 或 HNTs-Zn 为负极、直径为

2 cm 的玻璃纤维隔膜为分隔器组装纽扣型 ZIBs，电解液为 2 M 的 ZnSO$_4$ 和 0.1 M 的 MnSO$_4$ 水性溶液。

（5）利用直径分别为 1.3 cm 的 Bare-Zn 或 HNTs-Zn 为电极，直径为 2 cm 的玻璃纤维隔膜为分隔器组装 Zn/Zn 对称电池，电解液为 2 M 的 ZnSO$_4$ 水性溶液。

5.3.2　Zn/Zn 对称电池的循环性能

为了评估 HNTs 涂层在 Zn/Zn 对称电池中对锌电极循环的优化效果以及在运行过程中的电化学稳定性，分别组装了基于 Bare-Zn 和 HNTs-Zn 电极的 Zn/Zn 对称电池进行恒流充放电测试。图 5-17（a）~（c）分别为基于 Bare-Zn 和 HNTs-Zn 电极的 Zn/Zn 对称电池在 0.2 mA/cm^2、1.8 mA/cm^2 和 4.4 mA/cm^2 电流密度下循环 50 h 的时间-电压曲线图。从图中可以看出，无论 Zn/Zn 对称电池是在大电流密度还是在小电流密度条件下运行，基于 HNTs-Zn 电极的对称电池的过电势均低于 Bare-Zn 电极，表明 HNTs 涂层确实有降低锌离子沉积过电势的作用，加速了锌离子的沉积/剥离过程，这一点同样由 EIS 结果证实。

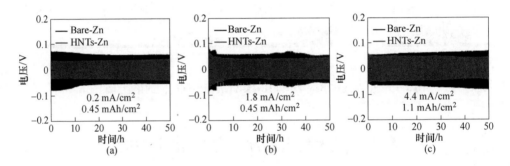

图 5-17　基于 Bare-Zn 和 HNTs-Zn 电极的 Zn/Zn 对称电池在 0.2 mA/cm^2、1.8 mA/cm^2 和
4.4 mA/cm^2 下循环 50 h 的时间-电压曲线图
（a）0.2 mA/cm^2；（b）1.8 mA/cm^2；（c）4.4 mA/cm^2
（扫描书前二维码看彩图）

同时，将基于 Bare-Zn 和 HNTs-Zn 电极的 Zn/Zn 对称电池在 0.5 mA/cm^2 电流密度下进行长期恒流循环，以研究 HNTs 涂层对锌离子沉积/剥离过程的长期影响。基于 Bare-Zn 和 HNTs-Zn 电极的 Zn/Zn 对称电池在 0.5 mA/cm^2 下的长循环时间-电压曲线图如图 5-18 所示。值得注意的是，基于 Bare-Zn 的 Zn/Zn 对称电池表现出极为不稳定的时间-电压波动，具有较高的交换电流密度和过电势。在运行过程中仅仅持续了 230 h 后发生短路。而基于 HNTs-Zn 电极的 Zn/Zn 对称电池表现出稳定的长循环性能，在运行 650 h 后，仍保持着 68 mV 的低过电势。表明 HNTs 涂层具有长期稳定锌离子沉积/剥离的作用，并且可以显著提高对称电池的长循环性能。

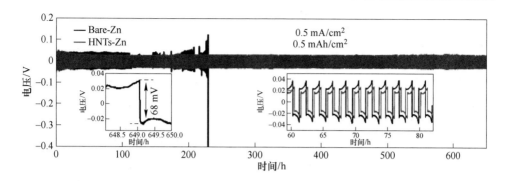

图 5-18　基于 Bare-Zn 和 HNTs-Zn 电极的 Zn/Zn 对称电池
在 0.5 mA/cm^2 下的长循环时间-电压曲线图
（扫描书前二维码看彩图）

　　鉴于上述对称电池恒电流循环结果可知，基于 Bare-Zn 的 Zn/Zn 对称电池循环表现出极不稳定的电压变化且不具备长时间循环的能力。出现这种情况的原因之一是因为锌离子在 Bare-Zn 表面不均匀的沉积/剥离以及副反应的发生。电池中 2 M 的 ZnSO$_4$ 电解液呈弱酸性，在电池运行过程中会有少量的氢离子被还原为氢气，氢气气体逐渐地积累在裸锌电极表面形成绝缘层。当绝缘层覆盖面积以及厚度过大时锌离子无法在电极表面发生沉积/剥离。HNTs 涂层改善了锌离子的沉积环境，通过 HNTs 的管内和涂层内部的孔道去溶剂化作用降低了负极表面的锌离子与水分子的比例，减少了游离氢离子的数量，从而降低析氢概率，其作用机理与吸附型抑制析气添加剂类似。基于 Bare-Zn 和 HNTs-Zn 的 Zn/Zn 对称电池在长循环后的光学照片显示基于 Bare-Zn 的对称电池出现明显的体积膨胀，这也是导致电池发生断路的直接原因（见图 5-19）。

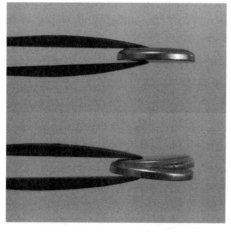

图 5-19　基于 Bare-Zn 和 HNTs-Zn 的 Zn/Zn 对称电池在长循环后的光学照片

5.3.3　对称电池的倍率性能

为了进一步研究 HNTs 涂层对锌表面的优化效果，对电池进行了不同电流密度的循环测试。图 5-20 为基于 Bare-Zn 和 HNTs-Zn 的 Zn/Zn 对称电池倍率性能。倍率循环的电流密度分别为 0.25 mA/cm²、0.50 mA/cm²、1.0 mA/cm²、2.0 mA/cm²、5.0 mA/cm² 和 0.25 mA/cm²。从图中可以清晰地看出，基于 HNTs-Zn 电极的 Zn/Zn 对称电池在每个电流密度下循环的过电势均低于基于 Bare-Zn 电极的 Zn/Zn 对称电池。结果表明，HNTs 包覆的锌箔表现出极低的极化和较少的副反应。主要原因是空心管状的 HNTs 及其涂层可以在电极表面提供大量丰富的离子传输路径以防止局部极化。另一方面，矿物纳米颗粒涂层的加入可以减少副反应、延长电池循环寿命并防止自腐蚀发生。

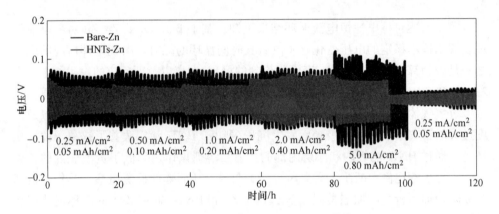

图 5-20　基于 Bare-Zn 和 HNTs-Zn 的 Zn/Zn 对称电池倍率性能
（扫描书前二维码看彩图）

同时，将本工作中的基于 HNTs-Zn 负极的 Zn/Zn 对称电池与相关文献进行了比较。表 5-1 为与文献报道的锌基对称电池的参数和循环性能的对比。从表中能够看出，本工作中基于 HNTs-Zn 负极的 Zn/Zn 对称电池具有较长的循环寿命，表明简易廉价的 HNTs 涂层在锌负极保护方面具有显著的成效。

表 5-1　与文献报道的锌基对称电池的参数和循环性能的对比

电　极	电　解　液	电流密度 /mA·cm⁻²	容量 /mAh·cm⁻²	寿命 /h	参考文献
HNTs-Zn	2 M ZnSO₄	0.5	0.5	650	本工作
三维锌	2 M ZnSO₄	0.5	0.5	350	[181]
裸锌	基于 MOF-808 的 Zn²⁺ 固态电解质	0.1	0.01	360	[182]

续表 5-1

电　极	电　解　液	电流密度 /mA·cm^{-2}	容量 /mAh·cm^{-2}	寿命 /h	参考文献
锌板	0.5 M Zn(CF$_3$SO$_3$)$_2$（溶剂为磷酸三乙酯）:H$_2$O (7:3)	1	1	200	[183]
锌/氧化石墨烯	1 M ZnSO$_4$（溶剂为水溶液）(pH 4~7)	1	2	200	[184]
锌@碳纤维	2 M ZnSO$_4$ + 0.1 M MnSO$_4$	1	1	160	[185]
锌粉末	1 M Zn (TFSI)$_2$ + 20 M LiTFSI	0.2	0.068	170	[186]
锌/碳酸钙涂层	3 M ZnSO$_4$ + 0.1 M MnSO$_4$	2	0.1	80	[187]

5.3.4　全电池的循环伏安分析

以 Bare-Zn 和 HNTs-Zn 为负极，带有 MnO$_2$ 的不锈钢箔为正极组装 Zn/MnO$_2$ 全电池，研究通过电泳沉积法制备的 HNTs 涂层在 Zn/MnO$_2$ 全电池中的电化学性能。基于纯 Bare-Zn 和 HNTs-Zn 负极的 ZIBs 在扫描速率为 0.1 mV/s 的 CV 曲线如图 5-21 所示。CV 曲线显示在 1.6 V 处出现明显的氧化峰，对应于 Mn^{3+} 被氧化为 Mn^{4+} 的化学反应。其中 HNTs-Zn 负极的氧化电位为 1.623 V，低于 Bare-Zn 的 1.642 V，氧化电位越低，反应越充分。另两个明显的峰在 1.35 V 和 1.2 V 附近出现，为 CV 曲线的还原峰，对应于 Mn^{4+} 被还原为 Mn^{3+} 的化学反应[188]。HNTs-Zn 负极的还原电位分别为 1.193 V 和 1.335 V，高于 Bare-Zn 的 1.146 V 和 1.326 V，还原电位越高，电池放电能力越强。CV 结果显示 HNTs 涂层能够提升正极材料的氧化还原性能，这是由于 HNTs 能够降低锌离子的沉积/剥离过程中的过电势，

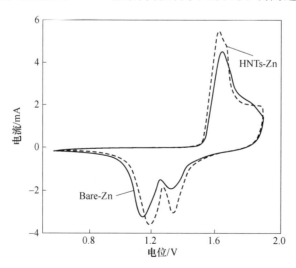

图 5-21　基于 Bare-Zn 和 HNTs-Zn 负极的 ZIBs 在扫描速率为 0.1 mV/s 的循环伏安曲线

促进 MnO_2 性能的发挥。目前学术界的研究认为，ZIBs 运行过程中负极发生的化学反应为：$Zn \rightarrow Zn^{2+} + 2e^-$，正极发生的化学反应为：$MnO_2 + H^+ + e^- \rightarrow MnOOH$。生成的 MnOOH 可能与 Zn^{2+} 形成锌锰矿，对应反应式为：$2MnOOH + ZnO \rightarrow ZnMn_2O_4 + H_2O$。

5.3.5　全电池的倍率性能

此外，对 Zn/MnO_2 全电池的倍率性能进行了评价。图 5-22 为基于纯 Bare-Zn 和 HNTs-Zn 负极的 Zn/MnO_2 电池的倍率性能。可以看出基于 HNTs-Zn 负极的 Zn/MnO_2 电池在每个倍率下的性能均优于 Bare-Zn 负极。在 1 C、2 C、5 C 和 10 C（1 C = 308 mA/g）的倍率条件下进行充放电时，基于 HNTs-Zn 负极的 Zn/MnO_2 电池的放电比容量分别为 265.7 mAh/g、188.9 mAh/g、125.2 mAh/g 和 69.5 mAh/g，而基于 Bare-Zn 负极的 Zn/MnO_2 电池的放电比容量仅分别为 239.2 mAh/g、138.8 mAh/g、78.2 mAh/g 和 47.75 mAh/g。可见 HNTs-Zn 负极在 Zn/MnO_2 电池中具有良好的倍率性能和较高的放电比容量。HNTs 涂层在电池运行的每个倍率条件下均能起到促进作用，优化锌负极表面的微观环境，使电池内部反应更为彻底。

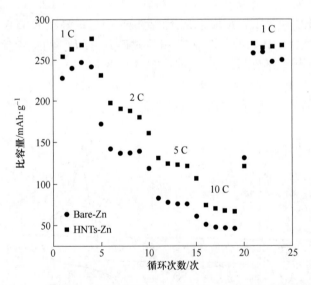

图 5-22　基于 Bare-Zn 和 HNTs-Zn 的 Zn/MnO_2 电池的倍率性能

5.3.6　全电池的长循环性能

图 5-23 为基于 Bare-Zn 和 HNTs-Zn 的 Zn/MnO_2 电池在 3 C 运行下的长循环性能。在长循环初期，Zn/MnO_2 电池的放电比容量在逐渐地增加，经过 25 个循

环后基本达到稳定状态。这是由于在电池测试初期，正负极材料未被电解液完全浸润，导致电池内部反应不完全，放电比容量较低。其中 HNTs-Zn/MnO$_2$ 电池的长循环曲线出现了放电比容量忽高忽低的趋势，这是由于电池在运行过程中受温度升降的影响，但其整体趋势趋于平稳，能够在 3 C 条件下循环稳定循环 400 次。HNTs-Zn/MnO$_2$ 电池的初始放电比容量为 174.9 mAh/g，25 次循环后放电比容量增大至 210.8 mAh/g，在运行 400 次后放电比容量衰减至 137.7 mAh/g，相应的库伦效率保持在 98.5%~100% 的区间内，对应的 400 次循环后的容量保持率为 79%。相比之下，Zn/MnO$_2$ 电池的初始放电比容量仅为 129.2 mAh/g，在 290 次循环后其放电比容量出现大幅度的衰减，之后电池变得不再稳定，放电比容量和库伦效率产生没有规律的波动，在 310 次循环后 Zn/MnO$_2$ 电池内部因为发生短路而无法进行正常的运行。可见，HNTs 涂层对于锌负极的优化效果显著，能够延长 Zn/MnO$_2$ 电池的长循环次数且提高电池的容量保持率。

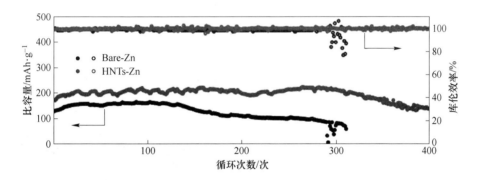

图 5-23　基于 Bare-Zn 和 HNTs-Zn 的 Zn/MnO$_2$ 电池在 3 C 运行下的长循环性能
（扫描书前二维码看彩图）

　　为了能够确定 Zn/MnO$_2$ 电池在 3 C 条件下循环过程中发生的变化，分别选取 HNTs-Zn/MnO$_2$ 和 Zn/MnO$_2$ 电池在第 50 次和第 200 次循环的充放电曲线进行比对，如图 5-24 所示。可以确定 HNTs-Zn/MnO$_2$ 电池在循环前后的充放电曲线差异较小，证明 HNTs-Zn/MnO$_2$ 电池在循环过程中保持稳定。对于 Bare-Zn/MnO$_2$ 电池，在 200th 的充电初始电压要比 50th 的高，表明电池内部的内阻增大，认为是由 Bare-Zn/MnO$_2$ 电池的析气引起的负面影响。

　　本实验所用的正极材料为商用电解二氧化锰。图 5-25 为商用电解二氧化锰的 XRD 图谱和 SEM 图谱。从 XRD 图中可以看出，电解二氧化锰具有良好的晶体结构，其特征衍射峰与 MnO$_2$ 的特征峰相对应（PDF# 14-0644）。SEM 图谱显示，商用电解二氧化锰中仅含有少量的碳纳米管，其余的都是颗粒状的 MnO$_2$。这对全电池的容量会产生一定的影响，导致电池容量偏低。本实验为对比 HNTs-Zn/

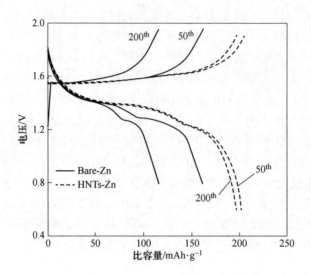

图 5-24　基于 Bare-Zn 和 HNTs-Zn 的 Zn/MnO_2 电池在 3 C 运行下的
50th 和 200th 的充放电曲线

MnO_2 和 Zn/MnO_2 电池性能的差别来研究 HNTs 涂层的作用，与其他参数的相关性较小。

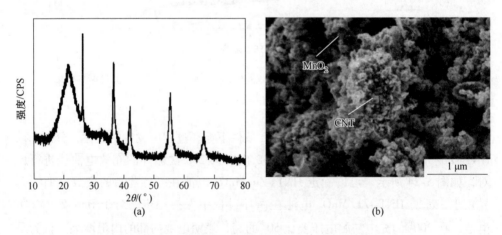

图 5-25　商用电解二氧化锰的 XRD 和 SEM 图谱
（a）XRD 图谱；（b）SEM 图谱

5.3.7　管状埃洛石涂层的耐腐蚀性

由上述结果分析可知，导致 Zn/Zn、Bare-Zn/MnO$_2$ 电池停止运行的主要原因为锌负极表面的析气和锌枝晶生长造成的微短路。而 HNTs-Zn/HNTs-Zn 和 HNTs-

Zn/MnO$_2$ 电池则可以保持长时间稳定的循环和优异的倍率性能。为探索了解 Bare-Zn 与 HNTs-Zn 两者之间的差异，组装 HNTs-Zn/MnO$_2$ 和 Bare-Zn/MnO$_2$ 全电池，并在 3 C 条件下循环 300 次后，将电池拆开，取出锌负极并用去离子水冲洗干净，利用 SEM 对锌负极进行表面微观形貌表征。未进行测试的 Bare-Zn 和 HNTs-Zn 负极的光学照片如图 5-26（a）所示，均呈现出光滑的表面，HNTs 与锌

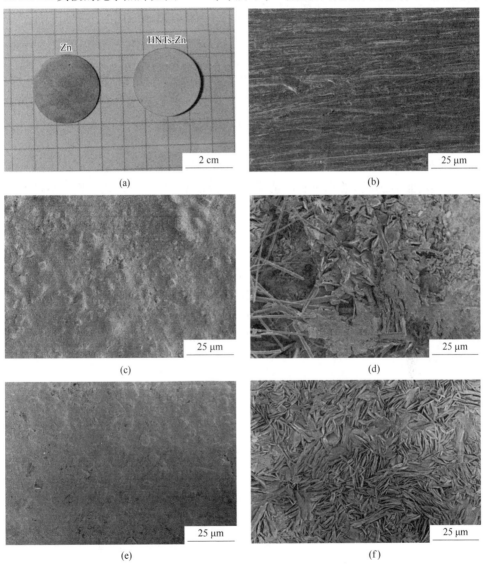

图 5-26　裸锌和 HNTs-Zn 的光学照片（a）、裸 Zn 的表面 SEM 图谱（b）、HNTs-Zn 的表面 SEM 图谱（c）、全电池在 3 C 下循环 300 次后的裸锌的表面 SEM 图谱（d）、全电池在 3 C 下循环 300 次后的 HNTs-Zn 表面 SEM 图谱（e）和全电池在 3 C 下循环 300 次后的剥离 HNTs 涂层后的 HNTs-Zn 的表面 SEM 图谱（f）

箔紧密贴合。图 5-26(b)(c)显示了未进行测试的 Bare-Zn 和 HNTs-Zn 负极 SEM 图。HNTs 均匀地分布在锌箔表面，表面平整光滑。Bare-Zn 表面的划痕是为除去表面氧化层所致。组装的 HNTs-Zn/MnO$_2$ 和 Bare-Zn/MnO$_2$ 全电池在 3 C 下循环 300 次后的负极表面形貌如图 5-26(d)(e)(f)所示。经过 300 次循环后，Bare-Zn 表面观察到大量的缠绕着玻璃纤维的大块团聚体，其中玻璃纤维是来自于电池中未被冲洗干净的隔膜，而大块的团聚体便是锌离子经过长时间的沉积而形成的锌枝晶。这些锌枝晶杂乱无章，体积大小分布不一，且极易从锌负极表面脱落造成电池的容量损失，同时也会刺穿玻璃纤维隔膜接触正极造成电池内部短路。这些无定型的锌枝晶比表面积较大，具有很强的尖端效应，从而使电解液迅速分解。在有 HNTs 涂层的锌负极上，可以看到负极经过 300 次循环后表面微观形貌并未发生明显的变化。将 HNTs 涂层剥离后露出裸露的锌箔，通过 SEM 可以看到 HNTs 涂层下的锌枝晶十分规整且具有特定的生长形貌，未发现有单独凸起的部分。锌枝晶呈片状分布在锌箔表面，大多数的锌枝晶平行于锌箔表面，板晶长度为 5 ~ 8 μm。在 HNTs 涂层存在的情况下，锌枝晶以统一的方式生长，不易形成大块凸起，有效地避免了负极表面析气和电池短路情况的发生。

　　将在 3 C 条件下循环 300 次后的 HNTs-Zn/MnO$_2$ 全电池中的 HNTs 涂层表面用水清洗，利用 XPS 分析其冲洗前和冲洗后的表面元素和价态。全电池在 3 C 下循环 300 次后的涂层在清洗与未清洗状态的 XPS 光谱如图 5-27 所示。由图可见，未冲洗前的 HNTs 涂层能够检测到锌离子，然而 HNTs 涂层经过去离子水冲洗过后，之前存在的锌离子分布未被 XPS 检测到。表明 HNTs 涂层上的锌离子是处于游离状态的，能够被去离子水冲洗掉，在 HNTs 涂层表面上未形成副产物。

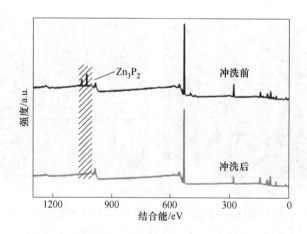

图 5-27　全电池在 3 C 下循环 300 次后的涂层在
清洗与未清洗状态的 XPS 光谱

HNTs 具有中空管状结构、丰富的表面电荷和均匀的直径分布，在离子传输方面显示出巨大的潜力[7]。HNTs 涂层能够有效地调节锌离子的迁移，同时避免锌枝晶接触正极引起电池短路。图 5-28 为锌离子沉积过程中的 Bare-Zn 和 HNTs-Zn 的表面形貌示意图。与裸锌相比，HNTs-Zn 上的锌离子传输路径具有限制性和规则性，HNTs 涂层能够快速均匀的传输锌离子到锌箔表面，使其形成的枝晶处于锌箔和 HNTs 涂层之间。HNTs 涂层在电池中同样充当着物理屏障的角色，它有效地隔绝了电解液与锌负极表面的直接接触，避免了电解液对锌负极表面的直接腐蚀，具有很好的耐腐蚀性。同时，HNTs 具有很高的强度，形成的锌枝晶不能够刺穿涂层与正极直接接触造成短路。而裸锌表面极易被腐蚀，同时在表面发生副反应，形成副产物，致使电池性能较差，循环寿命短。

图 5-28 锌离子沉积过程中的 Bare-Zn 和 HNTs-Zn 的表面形貌示意图
（扫描书前二维码看彩图）

为了证明 HNTs 涂层的耐腐蚀性，将 Bare-Zn 和 HNTs-Zn 在 2 M 的 $ZnSO_4$电解液中浸泡不同天数。图 5-29 为 Bare-Zn 和 HNTs-Zn 在 2 M 的 $ZnSO_4$ 电解液中分别浸泡 2 d 和 5 d 的表面 SEM 图谱。经高浓度的 $ZnSO_4$ 电解液浸泡后，裸锌表面粗糙，有斑状和片状的产物形成，且随着时间的增加，副产物形成的量也在逐渐地增加。而 HNTs-Zn 表面光滑平整，随着时间的推移没有发生明显的变化。

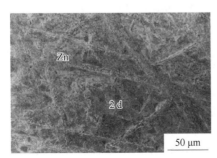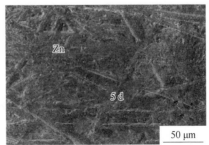

图 5-29　Bare-Zn 和 HNTs-Zn 在 2 M 的 ZnSO$_4$ 电解液中分别
浸泡 2 d 和 5 d 的表面 SEM 图谱（一）

　　同时，图 5-30 显示了更大的放大倍数下的浸泡不同天数的 SEM 图。通过图 5-30，可以更直观地看到 Bare-Zn 和 HNTs-Zn 被高浓度的电解液浸泡过后的微观表面形貌。同样，浸泡时间越长，能够清晰地看到 Bare-Zn 表面形成明显的副产物。

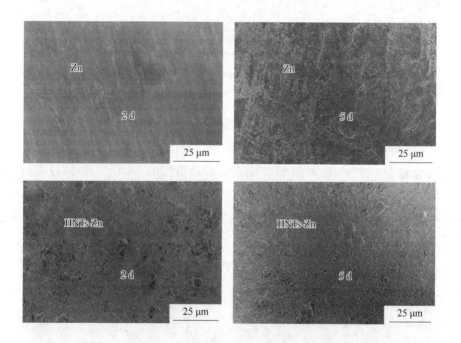

图 5-30　Bare-Zn 和 HNTs-Zn 在 2 M 的 ZnSO$_4$ 电解液中分别
浸泡 2 d 和 5 d 的表面 SEM 图谱（二）

　　通过 SEM 图谱，能够清晰地看到浸泡后的裸锌表面具有明显的副产物。而

HNTs-Zn 表面由于 HNTs 涂层存在，致使 HNTs-Zn 表面不清楚，无法直接确定其表面是否有副产物的形成。锌表面上形成的副产物一般为碱式硫酸锌等副产物，具有晶体结构，可以通过 XRD 直接检测出来。图 5-31 为 Bare-Zn 和 HNTs-Zn 在 2 M 的 ZnSO$_4$ 电解液中分别浸泡 2 d 和 5 d 的 XRD 图谱。可以看出，裸锌在电解液中分别浸泡 2 d 和 5 d 后，都检测出了碱式硫酸锌副产物，副产物的特征衍射峰与碱式硫酸锌的 PDF 卡片完美对应。从 HNTs-Zn 在电解液中分别浸泡 2 d 和 5 d 后的 XRD 图谱中可以看出，具有涂层的锌负极并未形成碱式硫酸锌，同时也未检测出其他的副产物，证明 HNTs 不仅具有优异的抗腐蚀性能，而且还能够抑制副反应的发生，减少副产物的形成。

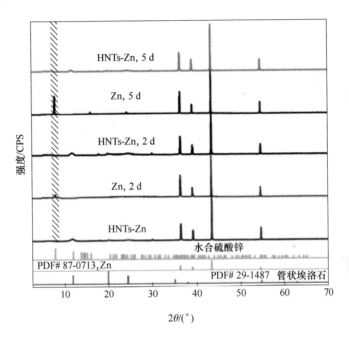

图 5-31　Bare-Zn 和 HNTs-Zn 在 2 M 的 ZnSO$_4$ 电解液中分别
浸泡 2 d 和 5 d 的 XRD 图谱

此外，对在电极液中浸泡 5 d 后的 HNTs 涂层进行了 EDS 表征。图 5-32 为 HNTs-Zn 在 2 M 的 ZnSO$_4$ 电解液中浸泡 5 d 后的 Al、Zn、S 和 C 元素的映射图谱。这些元素的分布表明 HNTs 涂层上的副产物（锌酸盐等）含量极少。HNTs-Zn 的界面稳定性优于裸锌，这与 XRD 结果相一致。

对基于 Bare-Zn 和 HNTs-Zn 电极的 Zn/Zn 对称电池循环 20 h 和 100 h 后的微观形貌进行了表征，以验证其在 Zn/Zn 对称电池中的耐腐蚀性。图 5-33 为基于 Bare-Zn 和 HNTs-Zn 电极的 Zn/Zn 对称电池循环 20 h 和 100 h 后表面 SEM 图谱。

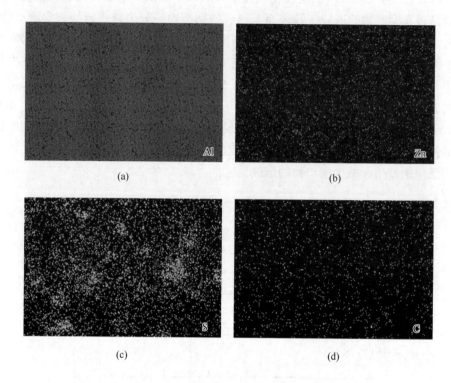

图 5-32　HNTs-Zn 在 2 M 的 ZnSO₄ 电解液中浸泡 5 d 后的
Al、Zn、S 和 C 元素的映射图谱

（a）Al 元素的映射图谱；（b）Zn 元素的映射图谱；
（c）S 元素的映射图谱；（d）C 元素的映射图谱
（扫描书前二维码看彩图）

可以看到，基于 Bare-Zn 电极的 Zn/Zn 对称电池在运行 20 h 后表面形成了大量的锌枝晶凸起和聚集体，几何形状不规则，分布不均匀。随着运行时间从 20 h 增加到 100 h，裸锌表面出现了越来越多杂乱无章的团块状聚合体和薄片，裸锌表面形成大大小小的孔洞并伴随着腐蚀程度的加深。值得注意的是，HNTs-Zn 电极表面几乎没有副产物，在相同的条件下，表面形貌随着对称电池的运行时间未发生明显的变化。

图 5-34 是基于 Bare-Zn 和 HNTs-Zn 电极的 Zn/Zn 对称电池在电流密度为 0.5 mA/cm² 下循环 20 h 和 100 h 后的 XRD 图谱。可见，基于 Bare-Zn 电极的 Zn/Zn 对称电池在循环 20 h 和 100 h 后均检测出了碱式硫酸锌。基于 HNTs-Zn 电极的 Zn/Zn 对称电池在循环 20 h 和 100 h 后未发现明显的副产物衍射峰，表明 HNTs 涂层在 Zn/Zn 对称电池同样具备优异的抗腐蚀性能。

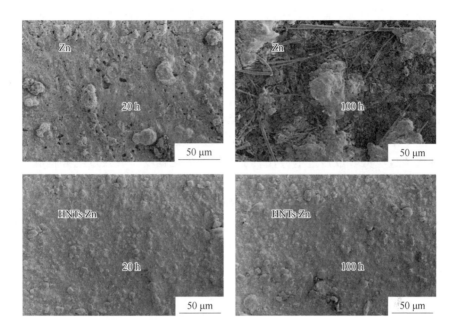

图 5-33 基于 Bare-Zn 和 HNTs-Zn 电极的 Zn/Zn 对称电池
循环 20 h 和 100 h 后表面 SEM 图谱

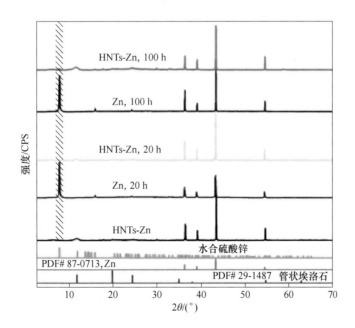

图 5-34 基于 Bare-Zn 和 HNTs-Zn 电极的 Zn/Zn 对称电池
循环 20 h 和 100 h 后的 XRD 图谱

金属电沉积的最终形态与初始沉积时的成核行为有着密切的关系。使用三电极测试装置(与 LSV 测试装置相同)进行 CV 测试,其中铜箔 (厚度为 0.01 mm)或 HNTs-Cu 为工作电极,具体的制备方法与 LSV 测试类似,电泳沉积中的负极更换为铜箔。图 5-35 为 2 M 的 $ZnSO_4$ 溶液中 Cu 和 Cu-HNTs 的 CV 扫描曲线。在向电位正方向扫描的过程中能够显示出金属成核过程中的特性。交叉电位为图上首个电流为 0 的点,类似于 LSV 中的平衡电位。Cu-HNTs 和 Cu 具有一样的交叉电位。点 B 和 C 分别为 HNTs-Cu 和 Cu 电极发生还原的位置,与交叉电位的电位差即为成核过电势。成核过电势代表了电极的极化程度,成核过电势越低,代表沉积的晶核半径越大,金属离子更偏向于形成大颗粒的金属晶体。从图中可以看出,Cu-HNTs 的成核过电势比 Cu 电极的低 11 mV,表明 HNTs 涂层能够通过静电作用与溶液中的锌离子和水分子络合,从而降低成核过电势。这种情况产生的锌枝晶较大,能够很容易地被 HNTs 涂层阻挡在锌负极表面[189]。

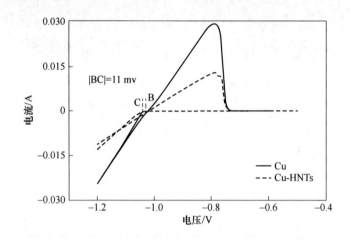

图 5-35　2 M 的 $ZnSO_4$ 溶液中 Cu 和 Cu-HNTs 的循环伏安扫描曲线

5.3.8　耐腐蚀机理

受到上述发现的启发,作者推测 HNTs 涂层中的孔隙以及 HNTs 自身的纳米中空管状结构对锌枝晶的可控生长和锌离子的均匀分布起着至关重要的作用。图 5-36 为裸锌和 HNTs-Zn 表面的锌离子沉积示意图,描述了锌枝晶在裸锌和 HNTs-Zn 表面的生长过程。HNTs 涂层具有高孔隙率,可以很容易地被水性电解质渗透,在整个锌箔表面形成相对均匀的电解质通量和镀锌速率。HNTs 涂层中的纳米级的孔隙和管内径将沉积形成的锌核限制在小尺寸范围内,这是对称电池电极极化降低的主要原因。在以往的研究中,发现 HNTs 具有良好的离子传输性能[7,187],可以将锌离子均匀地分布在整个系统中,而不发生锌离子的局部沉积。

同时，HNTs 经过 SHMP 处理后会携带更多的负电荷，硫酸根阴离子被排斥在涂层的表面[190]。这进一步解释了为什么电极表面能够抑制氢氧化硫酸锌水合物的形成。通过这种方式，锌离子可以快速穿过保护性的 HNTs 涂层。更重要的是，由于 HNTs 涂层（HNTs + PVB）具有绝缘性质，HNTs-Zn 负极在锌表面附近有足够低的锌离子还原电位，导致锌离子沉积的位置选择，锌离子会在锌箔表面自上而下地沉积，而不是优先沉积在锌突起/枝晶的尖端[191-192]。随着充放电过程的进行，在 HNTs 涂层和锌箔之间会形成致密的微米级锌层，形成了"HNTs/锌镀层/锌箔"三层结构，这一过程有效地抑制了副产物的产生和块状锌枝晶的生长，从而避免了大极化和电池短路/开路。

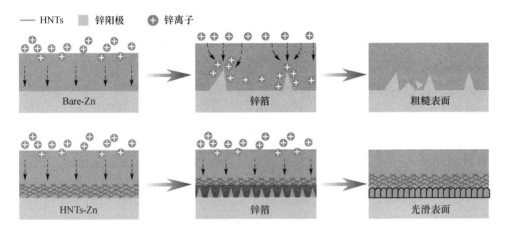

图 5-36　裸锌和 HNTs-Zn 表面的锌离子沉积示意图

（扫描书前二维码看彩图）

6 管状埃洛石/聚丙烯酰胺水凝胶电解质的电化学性能研究

随着可折叠显示器、可穿戴设备和植入式医疗设备需求的不断增加，迫切需要科学家们研发新一代的柔性储能设备来满足特定的需求[193-196]。目前，最流行的LIBs已经主导了便携式电子产品、智能手机以及电动汽车的能源市场，在各类电池中具备极大的竞争力。然而，LIBs的有机电解质存在着不可消除的弊端，如电解质的有毒性、易燃性和挥发性。这些缺点严重地阻碍了LIBs在可穿戴电子产品中的应用，尤其是在与人体组织直接产生接触的产品中[197]。因此，柔性ZIBs因其高安全性、优异的生物安全性以及环境友好性而受到广泛的关注[197-201]。

聚合物基电解质作为一种具有高稳定性的准固态电解质被广泛应用于生物医学[202]、传感器[203-204]、离子导体[205]以及柔性ZIBs领域[206-208]。聚合物基电解质在柔性ZIBs中可以有效地抑制锌枝晶的生长、避免有害电解质的泄漏以及能够全面地提高电池的电化学和物理稳定性[155,209-215]。然而，目前应用于聚合物基电解质的聚环氧乙烷（PEO）[216]、聚乙烯醇（PVA）[193]和其他聚合物存在着离子电导率低、机械强度差和耐盐性不足等问题[201]。水凝胶电解质是一种结合了液体电解质和固体电解质优点的一类新型电解质材料，通常由聚合物基体和液体电解质溶液组成。其本身具备高离子电导率、低挥发性以及优异的界面和力学性能[207]。将水凝胶电解质作为柔性ZIBs的隔膜和电解质可以保护锌负极、抑制副产物的形成以及锌的腐蚀、提高电池的倍率和循环性能[217]。经过巧妙合理的结构优化，多种多样的多功能水凝胶已经被开发出来，以满足柔性电子器件的各种苛刻的挑战和要求[218-219]。

聚丙烯酰胺（PAM）具有较高的孔隙率和含水量，但纯PAM水凝胶的力学性能和离子电导率不能满足柔性ZIBs的实际应用。幸运的是，纯PAM可以通过添加其他材料轻易地实现接枝或交联[220]。最近，基于PAM基的聚合物水凝胶电解质已被证实可应用于柔性ZIBs，得益于其良好的界面相容性和拉伸强度[209,211,221-222]。这些独特的优势有助于提高PAM基水凝胶的机械强度、耐久性、离子电导率和可设计性。因此，开发一种具备高强度和离子电导率的高质量PAM基聚合物电解质对于获得高性能的柔性ZIBs具有重要意义。

HNTs为天然的1∶1型中空管状硅铝酸盐黏土矿物[7]，其管外径、管内径和长度分别在 50 ~ 60 nm、10 ~ 15 nm 和 500 ~ 1500 nm 的范围内[31]。图 6-1 为本次实验所使用的 HNTs 的 SEM 和 TEM 图谱。从图中可以看出，HNTs 大小一致且分布均匀，具有均一的中空管状结构和较大的长径比。由于其特殊的管状结构、大长径比和易于修饰的内/外表面化学性质，HNTs 被广泛应用于超级电容器和电池[15,19-20,24,223-224]。同时，HNTs 具备的生物相容性和安全性可使其在可穿戴设备中的水凝胶电解质应用中显示出巨大的优势[225-227]。

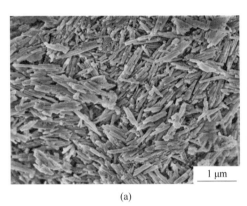
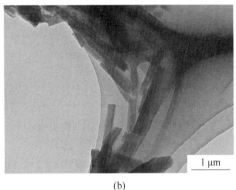

(a)   (b)

图 6-1 HNTs 的 SEM 和 TEM 图谱
(a) SEM 图谱；(b) TEM 图谱

在本章节中，作者制备了一种基于 MPS 改性的 HNTs(M-HNTs)交联 PAM 水凝胶的高强度、超稳定的纳米复合水凝胶电解质（M-HNTs/PAM），这种基于改性 HNTs 的水凝胶电解质具有很高的离子电导率，并将其应用于柔性 ZIBs。通过自由基聚合，改性后的 M-HNTs 作为 PAM 的交联剂和三维支撑骨架，增强了 M-HNTs 与 PAM 之间的相互作用。M-HNTs/PAM 水凝胶电解质具有丰富的极性基团、强力的共价键和分子间氢键的作用，在 M-HNTs 与 PAM 形成的三维网络中，M-HNTs 有助于提高水凝胶电解质的离子电导率和力学性能，并有助于水凝胶电解质的柔韧性、吸液性和延展性。值得一提的是，制备的 M-HNTs/PAM 水凝胶电解质在柔性 ZIBs 展现出优秀的电化学性能，在柔性 ZIBs 的运行过程中 M-HNTs/PAM 水凝胶电解质能够与柔性 ZIBs 的正负极形成稳定的界面层并有效地抑制锌枝晶的生长。

6.1 实验材料与仪器

6.1.1 实验材料

HNTs 购自中国广州润沃科技有限公司；AM、过硫酸铵（NH_4）$_2S_2O_8$、N,N-亚甲基双丙烯酰胺（MBAA）、MPS、NMP、$ZnSO_4 \cdot 7H_2O$、$MnSO_4 \cdot H_2O$、无水乙醇和氨水（28%）购买于上海阿拉丁生化科技有限公司；碳布（W1S1009）、EMD、PVDF 和导电炭黑购买于赛博电化学材料网；碳纳米管膜（CNF）（JCMWCFM）购买于成都佳材科技有限公司。

6.1.2　实验仪器与测试

本实验使用的仪器与测试方法如下。

（1）样品的 XRD 测试由 Bruker D8 Advance 型 X 射线衍射仪记录（Cu 靶波长为 0.154178 nm），范围为 2.5°~70°，扫描速率为 2°/min。

（2）样品的 FT-IR 光谱由 Nicolet IS10 型分光光度计记录，样品由 KBr 压片法制备，光谱分辨率为 4 cm^{-1}、扫描次数为 32 次、扫描范围为 400~4000 cm^{-1}。

（3）样品的 TGA 分析由 NETZSCH STA 449 F5/F3 型同步热分析仪在流动空气气氛（100 mL/min）下进行，范围为 25~600 ℃。

（4）样品的力学性能测试由美国英斯特朗 5965 双立柱台式试验系统完成。

（5）将 HNTs 沉积到铜网格上，在 JEOL JEM 2100 型透射电子显微镜下以100 kV 的加速电压进行 TEM 成像。

（6）样品的表面微观形貌结构由 SU8020 型扫描电子显微镜记录。

（7）在室温下使用 CT2001A 型多通道蓝电电池测试系统测试电池的倍率性能和循环性能，电压范围为 0.6~1.9 V。

（8）柔性 ZIBs 的 CV 曲线（电压范围为 0.6~1.9 V）、EIS 曲线（频率范围为 0.1~100 kHz，振幅为 10 mV）、AC 测试和离子电导率线由上海辰华的CHI660E 型电化学工作站记录。

6.2　管状埃洛石/聚丙烯酰胺水凝胶电解质的制备及表征

6.2.1　改性管状埃洛石复合物的制备方法

本实验改性管状埃洛石复合物的制备步骤如下。

（1）将 5 g HNTs 粉末置于马弗炉中，并在 400 ℃条件下干燥 5 h 以去除HNTs 层间以及吸附的水分子。

（2）将 1 g 干燥过后的 HNTs 分散到 160 mL 无水乙醇中，在超声辅助下处理2 h，以获得稳定的 HNTs 分散液。

（3）在搅拌条件下，将 15 mL 的氨水和 10 mL 的去离子水缓慢地加入（2）中的分散液，在室温条件下搅拌 24 h。

（4）将 1 mL 的 MPS 加入搅拌 24 h 后的分散液中，在室温条件下再搅拌32 h。

（5）将上述分散液离心洗涤 3～4 次后在鼓风干燥箱中烘干 8 h，得到 M-HNTs。

6.2.2　管状埃洛石/聚丙烯酰胺水凝胶电解质的制备方法

M-HNTs/PAM 水凝胶电解质通过自由基聚合法制备，制备步骤如下。

（1）将预先制备好的 0.4 g M-HNTs 分散到 30 mL 去离子水中，超声辅助下处理 30 min。

（2）将 3 g AM、40 mg 过硫酸铵粉末一起加入上述分散液中并在室温下剧烈搅拌 1 h 使其充分溶解。

（3）将分散液转移到圆形玻璃模具中进行抽真空 20 min 以去除分散液中的空气。

（4）将去除空气后的分散液置于真空烘箱中，在 60 ℃条件下聚合 2 h，得到 M-HNTs/PAM 水凝胶薄膜。

（5）将 M-HNTs/PAM 水凝胶薄膜在 0.1 mol/L 的 $MnSO_4$ 和 2 mol/L 的 $ZnSO_4$ 电解液中浸泡 12 h 以达到饱和状态，得到 M-HNTs/PAM 水凝胶电解质。同时，利用相同的方法制备了 HNTs/PAM 和纯 PAM 水凝胶电解质用于对比实验。当 HNTs 未被改性时，形成 HNTs/PAM 水凝胶电解质。在 3 g AM、40 mg 过硫酸铵和 3 mg MBAA 的溶液中不添加 HNTs 和 M-HNTs 时，得到纯 PAM 水凝胶电解质。

6.2.3　管状埃洛石/聚丙烯酰胺水凝胶电解质的表征

将硅烷偶联剂 MPS 加入分散性良好的 HNTs 分散液中，伴随着一系列的超声搅拌处理，之后在氨水的作用下将 MPS 枝接到 HNTs 的外表面，形成 M-HNTs。在化学改性过程中，HNTs 通过表面羟基和硅烷偶联剂 MPS 之间的缩合反应共价键合[228]。以 M-HNTs 充当交联剂，过硫酸铵为引发剂与 AM 发生自由基聚合形成 M-HNTs/PAM 水凝胶。图 6-2 为 M-HNTs/PAM 纳米复合水凝胶制备示意图。

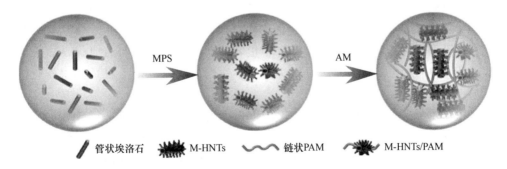

图 6-2　M-HNTs/PAM 纳米复合水凝胶制备示意图

（扫描书前二维码看彩图）

　　M-HNTs/PAM 纳米复合水凝胶的形成机理示意图如图 6-3 所示。HNTs 外表面羟基与 MPS 缩合形成 M-HNTs，过硫酸铵作为引发剂可以将 HNTs 外表面枝接的 MPS 中的 C═C 双键打开，并与 AM 发生原位自由基聚合反应，将 AM 单体连接起来形成 M-HNTs/PAM 水凝胶。同时，M-HNTs 还可以通过氢键与 PAM 链纠缠形成错综复杂的三维网络结构。具体来说，M-HNTs 纳米复合物类似于含有大量的—OH 基团和暴露于外表面的自由基的多功能交联点，可以与 AM 和 PAM 形成以下类型的复合体，即 AM-M-HNTs-AM、PAM-M-HNT-s-PAM、M-HNTs-M-HNTs 和 AM-AM。M-HNTs 不仅在水凝胶网络中充当交联剂的角色，而且由于 HNTs 具有大长径比和高强度，能够在整个体系中作为无机骨架支撑起整个水凝胶网络，从而提高水凝胶的机械强度。

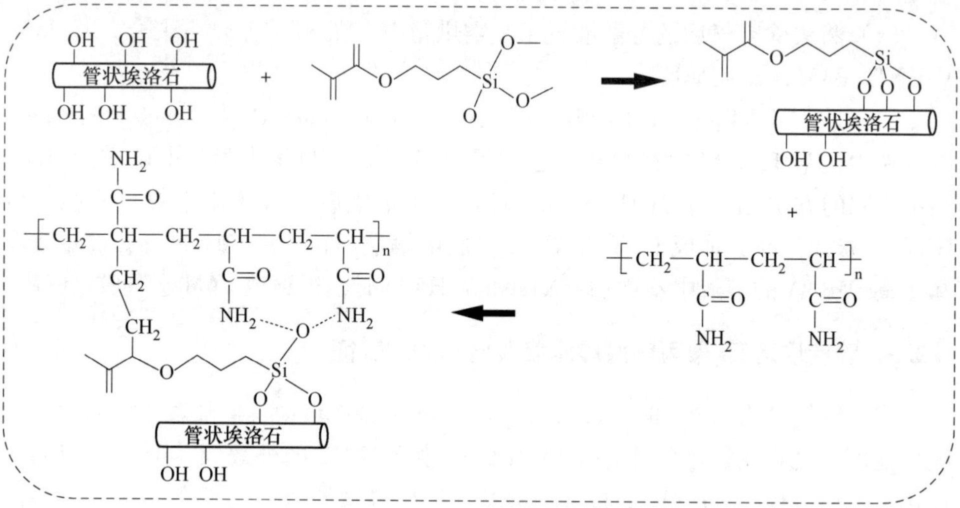

图 6-3　M-HNTs/PAM 纳米复合水凝胶的形成机理示意图

　　M-HNTs/PAM 水凝胶的光学图像如图 6-4 所示。从图中可以看出，M-HNTs/PAM 水凝胶具有很高的柔韧性，表面光滑且厚度均一，呈半透明状态。M-HNTs 与 AM 经聚合可以在圆形的玻璃模具中很容易大规模地形成 M-HNTs/PAM 水凝胶薄膜。这种简便的聚合方法可以快速大量地制备应用于柔性 ZIBs 的水凝胶电解质。

　　由于水凝胶材料含有大量的水分和有机溶剂，无法直接进行 SEM 观察。SEM 在工作状态下需要维持高真空环境，而水分会在高真空环境中迅速挥发，导致电镜工作故障或图片异常。因此，水凝胶在进行 SEM 测试时需要进行冷冻干燥处理。图 6-5 为 PAM、HNTs/PAM 和 M-HNTs/PAM 水凝胶的截面 SEM 图谱。由图可以看出，所有的水凝胶均呈三维网状结构，可以观察到相互连接的多孔结

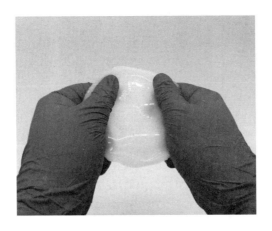

图 6-4 M-HNTs/PAM 水凝胶的光学图像
（扫描书前二维码看彩图）

构和较大的孔隙，孔隙的直径为 40~90 μm。这些特点可以使得水凝胶保持充足的水分含量并能够提供离子快速传输的通道，显著地提高离子电导率。

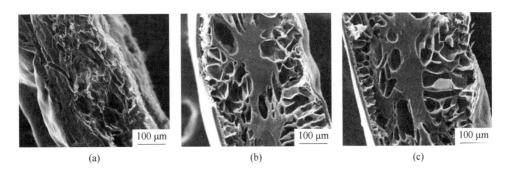

图 6-5 PAM、HNTs/PAM 和 M-HNTs/PAM 水凝胶的截面 SEM 图谱
（a）PAM；（b）HNTs/PAM；（c）M-HNTs/PAM

图 6-6 为 PAM、HNTs/PAM 和 M-HNTs/PAM 水凝胶的表面 SEM 图谱。经冷冻干燥后，能够清晰地观察到 M-HNTs/PAM 水凝胶呈现出一种鱼鳞状的褶皱表面。这种结构非常有利于 M-HNTs/PAM 水凝胶进行电解质的储存以及离子的传输。而 PAM 表面具有大的孔隙，与其截面 SEM 图像保持一致。HNTs/PAM 水凝胶表面也呈现一定的褶皱状态，这表明添加 HNTs 和 M-HNTs 后均对纯 PAM 水凝胶在各方面有增强作用。

水凝胶具有在电解液中发生溶胀而不溶解的性质。水凝胶的吸液率是衡量其在柔性 ZIBs 中应用的重要一环。水凝胶的吸液率越高，表明其保水性能越好，防止电解液的漏液以及挥发。同时，高吸液率也代表着水凝胶具有较高的孔隙率

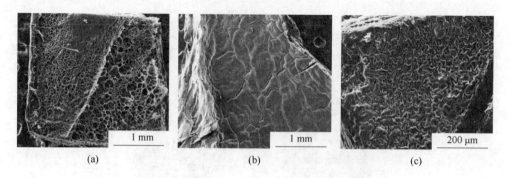

(a)   (b)   (c)

图 6-6   PAM、HNTs/PAM 和 M-HNTs/PAM 水凝胶的表面 SEM 图谱
(a) PAM;(b) HNTs/PAM;(c) M-HNTs/PAM

和离子迁移通道,有利于柔性 ZIBs 稳定长时间的运行。将制备好的水凝胶在
70 ℃ 条件下置于鼓风干燥箱中干燥 12 h 以去除其含有的全部水分。每隔 2 h 称
量水凝胶的质量,待质量不发生变化时,将干燥好的水凝胶置于 0.1 mol/L 的
$MnSO_4$ 和 2 mol/L 的 $ZnSO_4$ 电解液中浸泡 12 h 使其充分吸收电解液。待水凝胶质
量不变时,记录其完全饱和后的质量。水凝胶的吸液率(ε)可由公式(6-1)
计算得出。

$$\varepsilon = \frac{m - m_0}{m_0} \times 100\%$$ (6-1)

式中,m_0 和 m 分别为水凝胶充分干燥后和充分吸收电解液后的质量。经计算,
PAM、HNTs/PAM 和 M-HNTs/PAM 水凝胶的吸液率分别为 715%、806% 和
912%,如图 6-7 所示。M-HNTs/PAM 水凝胶的吸液率最大,表明了 M-HNTs/
PAM 水凝胶具备大量的离子传输通道和较高的离子电导率。

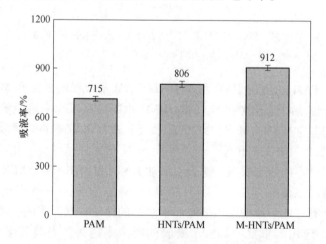

图 6-7   PAM、HNTs/PAM 和 M-HNTs/PAM 水凝胶的吸液率

为了验证 MPS 成功地枝接到了 HNTs 的外表面，对 HNTs 和 M-HNTs 进行了 FT-IR 分析，比较 HNTs 改性前后官能团位置与种类发生的变化。图 6-8 为 HNTs 和 M-HNTs 的 FT-IR。从图中可以看出，HNTs 在 3696 cm^{-1} 和 3620 cm^{-1} 处的特征振动带归属于硅羟基和铝羟基的振动带。在 1036 cm^{-1} 处的振动带归属于 Si—O—Si 的伸缩振动[229]。与 HNTs 相比，M-HNTs 的 FT-IR 在 2921 cm^{-1}、2855 cm^{-1} 和 1721 cm^{-1} 处出现了新的吸收带，这三个振动带分别归属于亚甲基中 C-H 的对称、反对称伸缩振动和羰基中 C=O 的伸缩振动[230]。上述结果表明，MPS 与 HNTs 外表面羟基缩合并被成功地枝接到 HNTs 外表面。

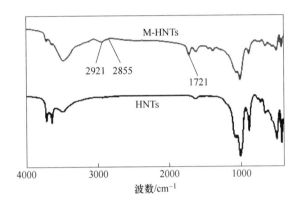

图 6-8 HNTs 和 M-HNTs 的红外光谱图

同时，对 PAM、HNTs/PAM 和 M-HNTs/PAM 水凝胶进行了 FT-IR 分析，如图 6-9 所示。可以看到，HNTs/PAM 和 M-HNTs/PAM 水凝胶包含了 HNTs 所有的特征振动带，三种水凝胶的 FT-IR 中均在 2926 cm^{-1} 和 1652 cm^{-1} 处出现了新的振动带，分别归属于 C=O 的伸缩振动和 CH$_2$ 的拉伸振动，表明了 PAM 的存在[231-232]。

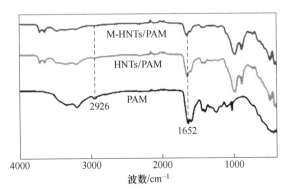

图 6-9 PAM、HNTs/PAM 和 M-HNTs/PAM 水凝胶的红外光谱图

利用 XRD 对 HNTs、M-HNTs 和 3 种不同水凝胶进行进一步分析，如图 6-10 所示。由图可以看出，PAM 聚合物属于非晶体，含有一个较宽的衍射峰。M-HNTs 与 HNTs 的衍射峰一致，证明 MPS 改性后的 HNTs 晶体结构与原来保持一致。HNTs/PAM 和 M-HNTs/PAM 水凝胶均含有 HNTs 的特征衍射峰，且其显示的层间距未发生变化，均为 0.74 nm，表明 PAM 并不能插入 HNTs 层间，而是枝接在 HNTs 的外表面。上述结果与 FT-IR 分析保持一致。

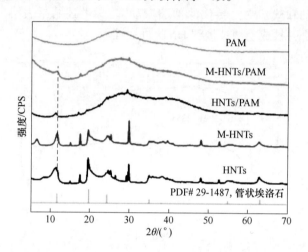

图 6-10　HNTs、M-HNTs 和 3 种不同水凝胶的 XRD 图谱

图 6-11 为 HNTs 和 M-HNTs 的 TGA 曲线。与 HNTs 相比，M-HNTs 的第 1 个质量损失台阶与 HNTs 相同，均为 0 ~ 450 ℃，这是由于 HNTs 表面吸附水分子和 HNTs 含有的铝羟基脱嵌造成。在 500 ~ 600 ℃ 范围内，出现了第 2 个质量失重台阶且失重明显，这是由于 HNTs 外表面直接的 MPS 热分解所致。HNTs 在 0 ~ 600 ℃ 范围内的整体质量损失率为 13.7%，M-HNTs 的质量损失率为 16.5%。

在电池的运行过程中，水凝胶电解质的热分解温度过低会导致电池不能适应复杂的应用场景，大大影响电池的使用稳定性与循环寿命。图 6-12 显示了 PAM、HNTs/PAM 和 M-HNTs/PAM 水凝胶的吸液率的 TGA 曲线。如图所示，在 25 ~ 125 ℃ 范围内，水凝胶中的水分由于高温蒸发而导致质量损失。后续水凝胶的热重曲线趋势变缓，表明水凝胶内的水分基本蒸发完成。在超过 125 ℃ 后，水凝胶的质量未发生明显的损失。PAM、HNTs/PAM 和 M-HNTs/PAM 水凝胶的质量损失率分别为 92.8%、85.7% 和 79.8%，表明 HNTs 和 M-HNTs 的加入增强了纯 PAM 的热稳定性，能够满足大多数电池使用的要求。

水凝胶电解质的机械性能对于柔性电池来说至关重要，良好的机械性能能够保证柔性 ZIBs 具备更好的延展性、柔韧性和拉伸性，能够适应更加恶劣复杂的环境。为了研究 HNTs 和 M-HNTs 的加入对 PAM 机械性能的影响，对 PAM、

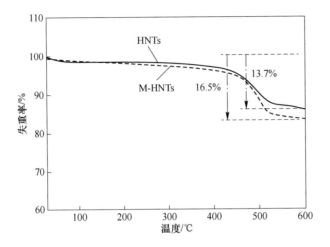

图6-11　HNTs 和 M-HNTs 的热重分析曲线

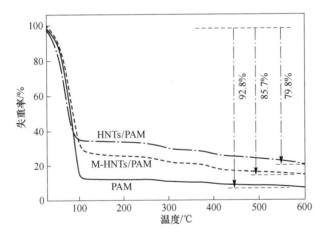

图6-12　PAM、HNTs/PAM 和 M-HNTs/PAM 水凝胶的
吸液率的热重分析曲线

HNTs/PAM 和 M-HNTs/PAM 水凝胶进行了拉伸试验以评估其机械性能。PAM、HNTs/PAM 和 M-HNTs/PAM 水凝胶的应力-应变曲线如图 6-13 所示。可以看出，单组分的 PAM 的断裂强度为 16 kPa，断裂伸长率约为 902%。在添加 HNTs 和 M-HNTs 后，HNTs/PAM 和 M-HNTs/PAM 水凝胶的断裂强度分别增大到 30 kPa 和 49 kPa，断裂伸长率分别增大了 1100% 和 1200%。因此，M-HNTs/PAM 水凝胶表现出最佳的断裂强度和断裂伸长率，具备良好的机械强度。通常，水凝胶链的取向或水凝胶的结构改性会导致水凝胶机械强度和杨氏模量的增加，这可以使断

裂伸长率降低[233]。然而，在本实验的体系中，M-HNTs 不仅扮演着水凝胶链的化学和物理交联点的角色，同时还充当着整个水凝胶三维网络的无机骨架，支撑着整个水凝胶体系。水凝胶链锚定在 HNTs 表面，在受到拉伸作用时，水凝胶链可以沿着整个纳米管的外壁滑动，从而在保证水凝胶整体机械强度的前提下又提高了水凝胶体系的断裂伸长率[234]。

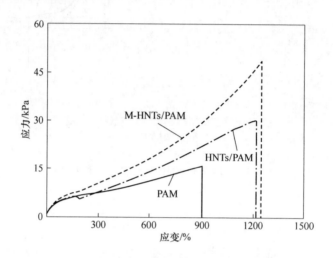

图 6-13　PAM、HNTs/PAM 和 M-HNTs/PAM
水凝胶的应力-应变曲线图

　　由水凝胶的拉伸强度测试可知 M-HNTs/PAM 水凝胶具有最大的断裂强度和断裂伸长率。因此，对 M-HNTs/PAM 水凝胶的回弹性能进行了测试，以验证其是否具备良好的弹性和快速复原的能力。图 6-14 为 M-HNTs/PAM 水凝胶的回弹性能测试。将 M-HNTs/PAM 水凝胶分别拉伸到初始长度的 200%、400% 和 600% 后自然状态下放置，其长度会恢复到原始长度，证明 M-HNTs/PAM 水凝胶具有优异的回弹性能和快速恢复能力。同时，在不同程度的拉伸状态下 M-HNTs/PAM 水凝胶具有明显的滞后回线。M-HNTs/PAM 水凝胶具有良好的能量分散性，随着应变增加到 600%，其滞后回线的面积变大。M-HNTs/PAM 水凝胶优异的机械性能以及良好的弹性使其完美地适应于柔性 ZIBs。

　　为了能更直观地展现 M-HNTs/PAM 水凝胶优异的机械性能，将 330 mL 的百事可乐悬挂于 M-HNTs/PAM 水凝胶上，如图 6-15(a)所示。可以看到，M-HNTs/PAM 水凝胶能够轻松地承受百事可乐的质量。同样的，M-HNTs/PAM 水凝胶能够支撑 200 g 的砝码，如图 6-15(b)所示。M-HNTs/PAM 水凝胶在承受质量时发生形变被拉长，没有明显的裂纹和断裂，直观地说明了 M-HNTs/PAM 水凝胶具备良好的柔韧性和拉伸性能。M-HNTs 作为水凝胶的交联点和三维无机骨架对水凝胶的机械性能具有很大的提升，保证了其优异力学稳定性。

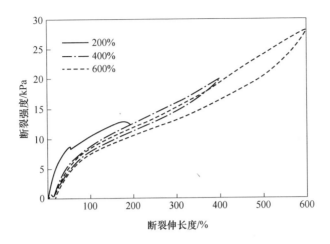

图 6-14   M-HNTs/PAM 水凝胶的回弹性能测试

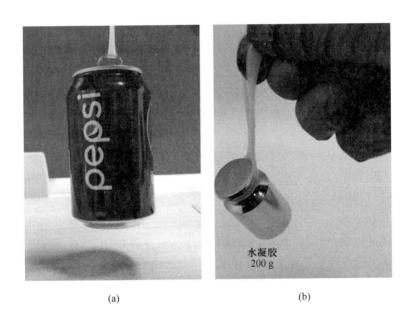

(a)   (b)

图 6-15   M-HNTs/PAM 水凝胶悬挂实验光学照片
（a）M-HNTs/PAM 水凝胶悬挂 330 mL 百事可乐的光学照片；
（b）M-HNTs/PAM 水凝胶悬挂 200 砝码的光学照片

图 6-16 为 M-HNTs/PAM 的拉伸实验光学照片。初始的 M-HNTs/PAM 水凝胶长度为 1 cm，通过简单的拉伸，M-HNTs/PAM 水凝胶可以轻易地被拉伸到 12 cm 而不发生断裂，无明显的裂缝和损伤（超过 1200% 应变后发生断裂）。

图 6-16　M-HNTs/PAM 水凝胶的拉伸实验光学照片示意图

（扫描书前二维码看彩图）

6.3　管状埃洛石/聚丙烯酰胺水凝胶电解质的电化学性能

6.3.1　柔性锌离子电池电极的制备及其组装

本实验将 MnO_2 作为柔性 ZIBs 的正极材料来测试其电化学性能，具体的柔性 ZIBs 正极的制备及其组装步骤如下。

（1）取 70% 的 EMD、20% 的导电炭黑和 10% 的 PVDF 黏结剂共 1 g。在 20 mL 玻璃瓶内混合均匀，滴入 4.5 mL NMP 作为溶剂，磁力搅拌 8 h 得到均匀的浆料。

（2）使用涂布机将浆料缓慢均匀地涂覆在平坦的碳布或 CNF 表面，然后将其在鼓风干燥箱中以 90 ℃ 加热烘干 8 h，完全去除溶剂，用作柔性 ZIBs 的正极。碳布和 CNF 上 MnO_2 的有效负载质量为 $1.5 \sim 2.5$ mg/cm²。

（3）以碳布或 CNF 为工作电极，打磨后的锌箔为参比电极，在 1 mol/L 的 $ZnSO_4 \cdot 7H_2O$ 电解液中通过电泳沉积法将锌沉积到碳布和 CNF 上制备可拉伸的柔性锌负极。电泳沉积的电压为 0.6 V，沉积时间为 3000 s。锌的有效负载质量为 $4 \sim 6$ mg/cm²。

（4）将负载有 MnO_2 和锌的碳布或 CNF 裁剪为 2 cm × 5 cm 的矩形条带状备用。

（5）以带有 MnO_2 的碳布或 CNF 为正极、带有锌的碳布或 CNF 为负极以及 PAM、HNTs/PAM 和 M-HNTs/PAM 水凝胶（2 cm × 2 cm）作为隔膜组装柔性 ZIBs。电解液为 2 M 的 $ZnSO_4$ 和 0.1 M 的 $MnSO_4$ 水性溶液。柔性 ZIBs 的结构示意图如图 6-17 所示。

基于 M-HNTs/PAM 水凝胶电解质的柔性 ZIBs 的关键部件详细信息见表 6-1。

图 6-17 柔性 ZIBs 的结构示意图

（扫描书前二维码看彩图）

表 6-1 基于 M-HNTs/PAM 水凝胶电解质的柔性 ZIBs 的关键部件详细信息

组 件	MnO_2	Zn	水凝胶电解质	碳布	包装袋
有效载荷质量/mg·cm^{-2}	1.5~2.5	4~6	145	30	50
尺寸/cm×cm	2×2	2×2	2×2	2×5	6×6

柔性 ZIBs 以负载有 MnO_2 和锌的碳布或 CNF 为正负极，水凝胶电解质为隔膜，为了防止水分蒸发影响电池的使用寿命，需要将正负极材料以及隔膜密封在塑料包装中并同时减少任何潜在的对电池柔韧性的影响。图 6-18 为柔性 ZIBs 的光学照片。

图 6-18 柔性 ZIBs 的光学照片

6.3.2 柔性全电池的循环伏安（CV）分析

以 PAM、HNTs/PAM 和 M-HNTs/PAM 水凝胶电解质为隔膜，研究了其在柔性 ZIBs 中的电化学性能。基于 PAM、HNTs/PAM 和 M-HNTs/PAM 水凝胶电解质的柔性 ZIBs 在扫描速率为 0.1 mV/s 下的 CV 曲线，如图 6-19 所示。基于 3 种不同水凝胶电解质的柔性 ZIBs 在充放电过程中呈现出明显的氧化还原峰。基于 M-HNTs/PAM 水凝胶电解质的柔性 ZIBs 的 CV 曲线表现出最为明显的氧化还原峰，这意味着 M-HNTs/PAM 水凝胶电解质具有良好的反应可逆性。柔性 ZIBs 的 CV 曲线的氧化峰出现在 1.6 V 处，对应于 Mn^{3+} 被氧化为 Mn^{4+} 的化学反应；在 1.19 V 和 1.35 V 处出现了两个还原峰，对应于 Mn^{4+} 被还原为 Mn^{3+} 的化学反应[122,188]。CV 结果显示 M-HNTs/PAM 水凝胶电解质能够提升正极材料的氧化还原性能，这是由于其具有丰富的离子迁移通道，能够有效地降低锌离子的沉积/剥离过程中的过电势，促进 MnO_2 性能的发挥。

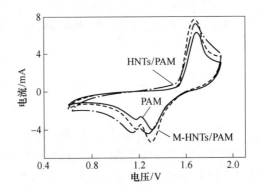

图 6-19　基于不同水凝胶电解质的柔性 ZIBs 的循环伏安曲线

图 6-20 为基于不同水凝胶电解质的柔性 ZIBs 在不同扫描速率下的 CV 曲线。从图中可以看出，各类水凝胶电解质在不同的扫描速率下均呈现出明显的氧化还原峰，同时随着扫描速率的增加，它们的形状基本相同，未发生明显的变化，表明 MnO_2 具有优异的化学稳定性和良好的循环性能。

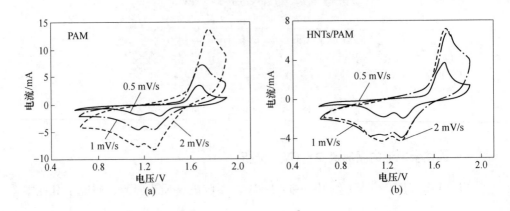

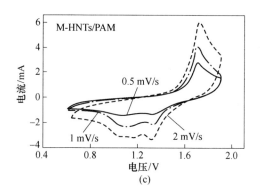

图 6-20 基于不同水凝胶电解质的柔性 ZIBs 在不同扫描速率下的循环伏安曲线
（a）基于 PAM 的柔性 ZIBs；（b）基于 HNTs/PAM 的柔性 ZIBs；
（c）基于 M-HNTs/PAM 的柔性 ZIBs

6.3.3 柔性全电池的电化学阻抗（EIS）分析

基于不同水凝胶电解质的柔性 ZIBs 的 EIS 谱图如图 6-21 所示。可以看到基于 M-HNTs/PAM 水凝胶电解质的柔性 ZIBs 具有较低的电极与电解质之间的电荷转移内阻，表明电极与电解质之间具有良好的界面效应，有利于更快的电化学反应动力学。这是由于 M-HNTs/PAM 水凝胶的含水量高，提高了电解质的离子电导率，同时 M-HNTs/PAM 水凝胶的高机械强度和丰富的化学基团抑制了树突状枝晶的形成，使得基于 M-HNTs/PAM 水凝胶电解质的柔性 ZIBs 拥有良好的稳定性、相容性和界面效应。

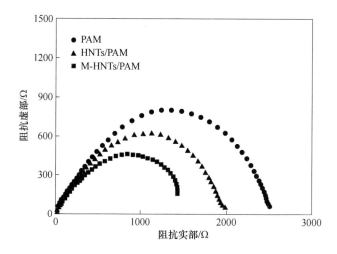

图 6-21 基于不同水凝胶电解质的柔性 ZIBs 的电化学阻抗谱图

6.3.4 离子电导率

使用多通道电池测试系统在室温下进行 AC 测试，范围为 0.1 Hz ~ 10 kHz。首先将尺寸为 2 cm × 2 cm 的不同水凝胶置于 2 M 的 ZnSO₄ 溶液中 12 h 充分地进行离子交换。然后以无水乙醇清洗后的 2 cm × 5 cm 不锈钢箔为电极组装 SSF/水凝胶电解质/SSF 柔性电池进行 AC 测量。离子电导率由 AC 结果进行计算，公式如下：

$$\sigma = \frac{L}{R \cdot A} \times 1000 \tag{6-2}$$

式中，σ 为离子电导率，mS/cm；L、R 和 A 分别为水凝胶电解质的厚度、体积电阻和有效测试面积。

图 6-22（a）为基于不同水凝胶电解质的柔性 ZIBs 的 EIS 图。根据 AC 测试，分别计算了 M-HNTs/PAM、HNTs/PAM 和纯 PAM 水凝胶电解质的离子电导率。表 6-2 为 PAM、HNTs/PAM 和 M-HNTs/PAM 水凝胶电解质的离子电导率计算参数与结果。

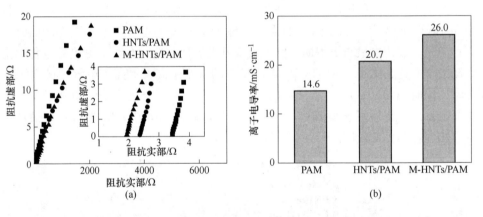

图 6-22 基于不同水凝胶电解质的柔性 ZIBs 的电化学阻抗谱图和离子电导率

（a）电化学阻抗谱图；（b）离子电导率

表 6-2 PAM、HNTs/PAM 和 M-HNTs/PAM 水凝胶电解质的离子电导率计算参数与结果

水凝胶电解质	L/cm	A/cm²	R/Ω	σ/mS · cm⁻¹, $\sigma = L/(R \cdot A) \times 1000$
PAM	0.2	4.0	3.4	14.6
HNTs/PAM	0.2	4.0	2.4	20.7
M-HNTs/PAM	0.2	4.0	1.9	36.0

依据计算结果，如图 6-22(b)所示，M-HNTs/PAM 水凝胶电解质在 25 ℃时具有最高的离子电导率，为 26.0 mS/cm，几乎是纯 PAM 水凝胶电解质(14.6 mS/cm)的两倍。HNTs 具有大长径比、中空管状结构，能够在电解液中有效地促进电解质离子、溶剂水和水凝胶之间的相互作用[207]。此外，疏水界面还可以提高离子电导率，M-HNTs/PAM 水凝胶电解质中高度多孔网络结构的存在也有助于离子迁移。

6.3.5 柔性对称电池的长循环性能

为了进一步研究基于 PAM、HNTs/PAM 和 M-HNTs/PAM 水凝胶电解质的柔性 ZIBs 的长循环稳定性，实验组装并测试了柔性 Zn/Zn 对称电池，对称电池的光学照片如图 6-23 所示。

图 6-23　柔性 Zn/Zn 对称电池的光学照片

为了确保对基于不同水凝胶电解质的柔性 ZIBs 测试的准确性与科学性，实验使用了相同厚度（2 mm）的水凝胶电解质。图 6-24 为基于不同水凝胶电解质的柔性锌离子对称电池在 4.4 mA/cm^2 和 1.1 mAh/cm^2 下的长循环时间-电压曲线图。值得注意的是，基于 M-HNTs/PAM 水凝胶电解质的柔性 Zn/Zn 对称电池可以在 100 mV 的低极化电压下运行 1200 h。在电流密度为 4.4 mA/cm^2 时，Zn 的放电深度（DODZn）为 9.2%。基于 HNTs/PAM 和 PAM 水凝胶电解质的柔性 Zn/Zn 对称电池极化电压较高，分别仅在运行 650 h 和 550 h 时极化电压明显增高并在不久发生短路。可见 M-HNTs/PAM 水凝胶在柔性 Zn/Zn 对称电池中具备更好的电化学性能。

图 6-25 为基于不同水凝胶电解质的柔性锌离子 Zn/Zn 对称电池在 8 mA/cm^{2}下的长循环时间-电压曲线图。可见 M-HNTs/PAM 水凝胶电解质在大电流密度下同样具有最小的极化电压和最佳的循环性能。在电流密度为 8 mA/cm^2 时，

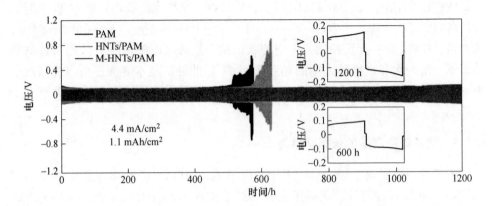

图 6-24　基于不同水凝胶电解质的柔性锌离子对称电池在 4.4 mA/cm² 和
1.1 mA/cm² 下的长循环时间-电压曲线图
（扫描书前二维码看彩图）

DODZn 为 66.9%。这些结果表明，基于 M-HNTs/PAM 水凝胶电解质的柔性 Zn/Zn 对称电池中的 Zn/水凝胶界面在长期循环过程中具有优异的稳定性和相容性。

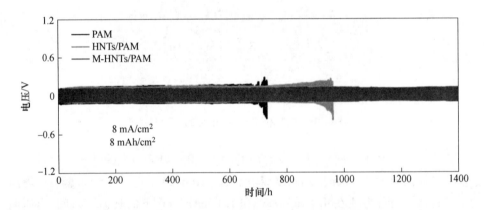

图 6-25　基于不同水凝胶电解质的柔性锌离子对称电池在 8 mA/cm² 下的
长循环时间-电压曲线图
（扫描书前二维码看彩图）

6.3.6　柔性对称电池的倍率性能

为了进一步研究水凝胶电解质的循环耐久性，对柔性 Zn/Zn 对称电池进行了不同电流密度的充放电测试。倍率循环的电流密度分别为 1 mA/cm²、2 mA/cm²、4 mA/cm²、8 mA/cm² 和 16 mA/cm²，如图 6-26 所示。从图中可以清晰地看出，基于 M-HNTs/PAM 水凝胶电解质的柔性 Zn/Zn 对称电池在每个电流密度下循环的过电势均低于基于 PAM、HNTs/PAM 水凝胶电解质的柔性 Zn/Zn 对称电池。结果表明,中空管状的 HNTs 可以在电极表面提供更多的离子传输路径,以防止局部极化的增加。同时,含有改性后的无机矿物的水凝胶电解质可以抑制副反应和自腐蚀现象的发生,并延长柔性电池循环寿命。

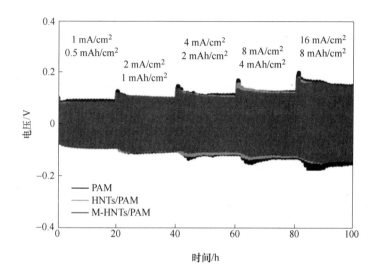

图 6-26　基于不同水凝胶电解质的柔性 Zn/Zn 对称电池倍率性能

（扫描书前二维码看彩图）

6.3.7　柔性全电池的倍率性能

同时,对柔性 Zn/MnO_2 全电池的倍率性能进行了研究。图 6-27（a）为基于 3 种不同水凝胶电解质的柔性 Zn/MnO_2 全电池的倍率性能。可以看出基于 M-HNTs/PAM 的柔性锌离子电池在各个倍率下的性能均优于 PAM、HNTs/PAM 水凝胶电解质。在 1 C、3 C、5 C、10 C 和 20 C（1 C = 308 mA/g）的倍率条件下进行充放电时,基于 M-HNTs/PAM 的柔性锌离子电池放电比容量分别为 219.3 mAh/g、209.4 mAh/g、197.3 mAh/g、180.6 mAh/g 和 103.6 mAh/g,而基于 PAM 的柔性电池的放电比容量仅分别为 195.1 mAh/g、179.7 mAh/g、162.3 mAh/g、160.5 mAh/g 和 85.0 mAh/g,基于 HNTs/PAM 水凝胶电解质柔性电池的放电比容量仅分别为 210.5 mAh/g、189.3 mAh/g、171.7 mAh/g、167.0 mAh/g 和 94.4 mAh/g。图 6-27（b）为基于 M-HNTs/PAM 水凝胶电解质的柔性 Zn/MnO_2 全电池在 1 C、3 C、5 C、10 C 和 20 C 倍率下的充放电曲线图。M-HNTs/PAM 水凝胶电解质在电池运行的每个倍率条件下均能起到促进作用,归功于 M-HNTs/PAM 水凝胶电解质的高电导率。

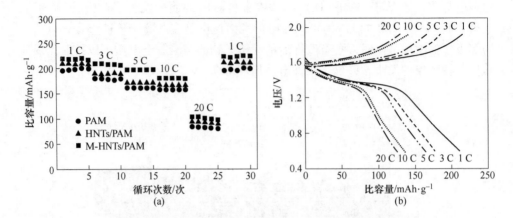

图 6-27　基于 3 种不同水凝胶电解质的柔性 Zn/MnO₂ 全电池的倍率性能（a）和
基于 M-HNTs/PAM 水凝胶电解质的柔性 Zn/MnO₂ 电池在
不同倍率下的充放电曲线图（b）

6.3.8　柔性全电池的长循环性能

图 6-28 为基于 3 种不同水凝胶电解质的柔性 Zn/MnO₂ 电池在 10 C 运行下的长循环性能。在整个循环过程中，3 种不同的柔性 Zn/MnO₂ 电池都比较稳定，表明水凝胶电解质能够显著的提高柔性 ZIBs 的稳定性。其中基于 M-HNTs/PAM 水凝胶电解质的柔性 Zn/MnO₂ 电池能在 10 C 倍率条件下稳定循环 1000 次。基于 M-HNTs/PAM 水凝胶电解质的柔性 Zn/MnO₂ 电池初始放电比容量为 180.6 mAh/g，

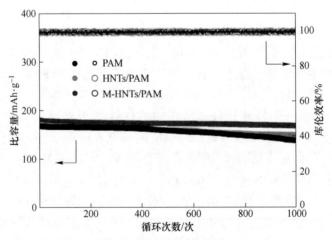

图 6-28　基于 3 种不同水凝胶电解质的柔性 Zn/MnO₂ 电池在
10 C 运行下的长循环性能
（扫描书前二维码看彩图）

在运行 1000 次后放电比容量衰减至 167.4 mAh/g，对应的容量保持率为 92.7%，相应的库伦效率保持在 98.5% ~ 100% 的区间内。相比之下，基于 PAM 和 HNTs/PAM 水凝胶电解质的柔性 Zn/MnO$_2$ 电池初始放电比容量分别为 168.5 mAh/g 和 172.0 mAh/g，在 1000 次循环后容量保持率仅分别为 86.5% 和 81.4%。基于 M-HNTs/PAM 水凝胶电解质的柔性 ZIBs 具有优异的循环性能和倍率性能，可归因于 M-HNTs/PAM 水凝胶的高离子导电性、优异的机械强度和丰富的亲水基团。

表 6-3 为基于 M-HNTs/PAM 水凝胶电解质的柔性 Zn/MnO$_2$ 电池的关键性能与相关文献的对比。基于 M-HNTs/PAM 的柔性 ZIBs 表现出较高的机械强度和离子电导率、稳定的电化学性能和优异的循环性能。然而，与其他最近报道的柔性电池相比，基于 M-HNTs/PAM 水凝胶电解质的柔性 Zn/MnO$_2$ 电池在能量密度和放电深度方面的不足亟待解决。

6.3.9　柔性电池的灵活性与稳定性

由于碳布、CNF 和水凝胶具有高度的柔韧性，设计组装而成的柔性 Zn/MnO$_2$ 电池具备高度的灵活性。为了评估基于 M-HNTs/PAM 水凝胶电解质的柔性 Zn/MnO$_2$ 电池在各种恶劣条件下是否具有优异的柔韧性和稳定的电化学性能，本实验在不同弯曲角度下和弯曲次数下对柔性 Zn/MnO$_2$ 电池进行测试。图 6-29 (a) 显示了基于 M-HNTs/PAM 水凝胶电解质的柔性 Zn/MnO$_2$ 电池在不同弯曲角度的容量保持率。在不同的弯曲角度下，柔性 ZIBs 能够在每个弯曲角度下达到 95% 以上的容量保持率，保证了柔性 ZIBs 在运行状态下的高稳定性和灵活性，并且弯曲的 3 个关键参数（设备长度：L、弯曲角度：θ 和弯曲半径：R）可用于准确地评估柔性 ZIBs 的弯曲状态[248]。基于 M-HNTs/PAM 水凝胶电解质的柔性 ZIBs 多次弯曲后的容量保持率，如图 6-29 (b) 所示，其中一个弯曲周期的弯曲角约为 360°。由于电极与 M-HNTs/PAM 水凝胶电解质之间界面的破坏，在如此恶劣的测试条件下，容量保持率随着弯曲循环次数的增加而衰减。值得注意的是，柔性 ZIBs 在 300 次弯曲循环后仍具有 85% 以上的容量保持率。

图 6-30 为基于 M-HNTs/PAM 水凝胶电解质的柔性 Zn/MnO$_2$ 电池在动态戳刺和锤击条件下的充放电曲线。从图中可以看出，柔性 ZIBs 在 30 次猛烈地戳刺条件下，其充放电曲线未发生变化，没有容量损失且未发生短路。同样地，柔性 ZIBs 在周期性动态锤击条件下没有容量损失，也没有发生短路现象。总之，基于 M-HNTs/PAM 水凝胶电解质的柔性 Zn/MnO$_2$ 电池在不同的机械变形情况和外力损伤条件下均表现出相当稳定的电化学性能。

与传统的纽扣形、柱形和方形等形状的储能器件不同，未封装的柔性 ZIBs 能够被裁剪为任何所需的形状，以满足可穿戴能源器件对高稳定性、安全性、集

表 6-3 基于 M-HNTs/PAM 水凝胶电解质的柔性 Zn/MnO₂ 电池的关键性能与相关文献的对比结果

阴极/集流体	阳极/集流体	电解液	最大应变/%	电导率/mS·cm⁻¹	能量密度	循环性能	参考文献
EMD/CC (1.5~2.5 mg/cm² 的 MnO₂)	*Zn/CC 4~6 mg/cm² Zn	ZnSO₄/MnSO₄/M H-NTs/PAM (水溶液)	1200	26.0	209.8 mAh/g (1 C 条件下)	1000 次循环后容量保持率为 92.7% (10 C 条件下)	本工作
α-MnO₂/碳纳米管纸 (1.0~2.5 mg/cm² MnO₂)	*Zn/碳纳米管纸 (3~5 mg/cm² 的 Zn)	ZnSO₄/MnSO₄/明胶/G-PAM/PAN (水溶液)	220	17.6	306 mAh/g (2.8 A/g 条件下)	1000 次循环后容量保持率为 97% (2772 mA/g 条件下)	[220]
PPy/PET	*Zn/PET	PVA/GPE	—	—	123 mAh/g (1.9 A/g 条件下)	200 次循环后 38% (4.4 A/g 条件下)	[235]
ZnHCF	*Zn/CC	Zn(CF₃SO₃)₂/明胶/G-PAM(水溶液)	—	2.04	38 mAh/cm³ (25 C 条件下)	260 次循环后 80% (2.5 C 条件下)	[236]
α-MnO₂/CNT	*Zn/CNT (3~5 mg/cm² 的 Zn)	ZnSO₄/MnSO₄/EG-wa PUA/PAAM (水溶液)	1050	16.8	275 mAh/g (0.2 A/g 条件下)	600 次循环后容量保持率为 88.36%(2.4 A/g 条件下)	[215]
MnO₂/CNT 纱线 (2.5~5 mg/cm² 的 MnO₂)	*Zn/CNT 纱线	ZnSO₄/MnSO₄/PAAM (水溶液)	300	17.3	302.1 mAh/g (1 C 条件下)	600 次循环后容量保持率为 98.5% (2 A/g 条件下)	[211]
α-MnO₂/石墨纸 (1~3 mg/cm² 的 MnO₂)	*Zn/石墨纸	ZnSO₄/MnSO₄/PAAM (水溶液)	—	—	230.5 mAh/g (1 C 条件下)	1000 次循环后容量保持率为 69.02%(4 C 条件下)	[209]

续表 6-3

阴极/集流体	阳极/集流体	电解液	最大应变/%	电导率/mS·cm⁻¹	能量密度	循环性能	参考文献
MnO₂/碳纸 (1~2 mg/cm² 的 MnO₂)	*Zn/碳纸	ZnSO₄/MnSO₄/海藻酸锌/PAAM (水溶液)	—	5.56	300.4 mAh/g (0.11 A/g 条件下)	150 次循环后容量保持率为 775% (0.5 A/g 条件下)	[237]
MnO₂/CNT/CC (1~2 mg/cm² 的 MnO₂)	*Zn/CC (3~5 mg/cm² 的 Zn)	ZnSO₄/MnSO₄/XG-PAM/CNF (水溶液)	2070	28.8	237 mAh/g (1 C 条件下)	1000 次循环后容量保持率为 86.2% (4 C 条件下)	[239]
PANI/钢网	锌箔/SWCNTs	Zn(CF₃SO₃)₂/PVA (水溶液)	—	12.6	123 mAh/g (0.1 A/g 条件下)	1000 次循环后容量保持率为 97.1% (1 A/g 条件下)	[240]
MnO₂/CNT 纤维	Zn	Zn(CF₃SO₃)₂/MnCl₂/PVA(水溶液)	—	—	290 mAh/g (0.1 A/g 条件下)	30 次循环后容量保持率为 75% (0.1 A/g 条件下)	[241]
MnO₂/PEDOT(3.6 mg/cm² 的 MnO₂)	*Zn/CC(6.14 mg/cm² 的 Zn)	ZnCl₂/LiCl/MnSO₄/PVA (水溶液)	—	—	310 mAh/g (1.1 A/g 条件下)	300 次循环后容量保持率为 83.7% (1.86 A/g 条件下)	[193]
MnO₂/N 掺杂的 CC (3.2 mg/cm² 的 MnO₂)	*Zn/N 掺杂的 CC	ZnCl₂/LiCl/MnSO₄/PVA (水溶液)	—	—	350 mAh/g (0.5 A/g 条件下)	1000 次循环后容量保持率为 93.6% (3.53 A/g 条件下)	[242]
V₂O₅/CNTF	*Zn/CNTF	ZnCl₂/PVA(水溶液)	—	—	457.5 mAh/g (0.3 A/cm³ 条件下)	400 次循环后容量保持率为 85.3% (6 A/cm³ 条件下)	[243]

续表6-3

阴极/集流体	阳极/集流体	电解液	最大应变/%	电导率/mS·cm⁻¹	能量密度	循环性能	参考文献
β-MnO₂/碳布 (1.5~2.5 mg/cm² 的 MnO₂)	锌箔	Zn (CF₃SO₃)₂/PEG-DGE	—	0.377	177 mAh/g (0.1 A/g 条件下)	300 次循环后容量保持率为85% (0.5 A/g 条件下)	[212]
γ-MnO₂/石墨 (1.3~1.5 mg/cm² 的 MnO₂)	锌箔	Zn(CF₃SO₃)₂/PEO/BANFs	—	2.5×10^{-2}	146 mAh/g (0.015 A/g 条件下)	100 次循环后容量保持率为90% (0.2 A/g 条件下)	[244]
MnO₂/CNT 纸	*Zn/CNT 纸	ZnSO₄/MnSO₄/海藻酸锌/PAA(水溶液)	500	43.2	300.4 mAh/g (0.11 A/g 条件下)	500 次循环后容量保持率为82% (0.88 A/g 条件下)	[245]
MnO₂/CNT/碳纸	锌箔	ZnSO₄/聚甲基丙烯酸磺基甜菜碱水凝胶	200	32	150 mAh/g (0.5 A/g 条件下)	100 次循环后容量保持率为67% (0.5 A/g 条件下)	[246]
MnO₂/CC	*Zn/CC	ZnSO₄/MnSO₄/明胶 (水溶液)	—		265 mAh/g (1 C 条件下)	1000 次循环后容量保持率为76.9% (4 C 条件下)	[247]
MnO₂/碳纸	锌板	Zn(NO₃)₂/MnSO₄/PVA-COOH(水溶液)	550	24	216 mAh/g (1 C 条件下)	1000 次循环后容量保持率为83% (1 C 条件下)	[213]
MnO₂/CNT膜	锌箔	ZnSO₄/MnSO₄/黄原胶 (水溶液)	—	16.5	260 mAh/g (1 C 条件下)	330 次循环后容量保持率为90% (1 C 条件下)	[201]

注：EMD——商业级二氧化锰，CC——碳布，CNTs——碳纳米管，PPy——聚吡咯，PAAM（PAM）——聚丙烯酰胺，ZnHCF——亚铁氰化锌，PANI——聚苯胺，PEDOT——聚噻吩的衍生物聚乙烯二氧噻吩，BANFs——支链芳纶纳米纤维，CNTF——碳纳米管纤维，EG-waPUA——乙二醇基水性阴离子聚氨酯聚丙烯酸酯，PEGDGE——聚乙二醇缩水甘油醚，PVA——聚乙烯醇，SWCNTs——单壁碳纳米管。*采用在三维基底上电镀锌的方法制备了锌阳极。

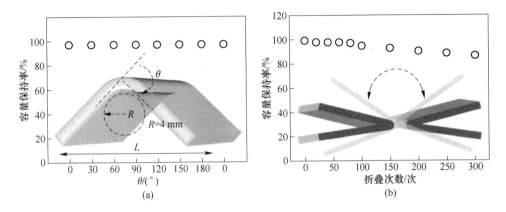

图 6-29　基于 M-HNTs/PAM 水凝胶电解质的柔性 Zn/MnO₂ 电池在不同弯曲角度和
不同弯曲次数下的容量保持率

（a）不同弯曲角度下的容量保持率；（b）不同弯曲次数下的容量保持率

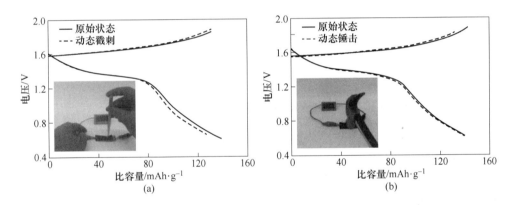

图 6-30　基于 M-HNTs/PAM 水凝胶电解质的柔性 Zn/MnO₂ 电池在动态戳刺和
动态锤击条件下的充放电曲线

（a）动态戳刺条件下的充放电曲线；（b）动态锤击条件下的充放电曲线

成度和耐用度的要求。图 6-31 为基于 M-HNTs/PAM 水凝胶电解质的柔性 Zn/
MnO₂ 电池的裁剪实验及其在裁剪后的电压分布图。令人印象深刻的是，基于
M-HNTs/PAM 水凝胶电解质的柔性 ZIBs 在露天系统中经过多次裁剪仍能够为电
子表供电。每次裁剪后，电子表屏幕上的时间清晰可见，即使柔性 ZIBs 在第
5 次裁剪后被切成两半，电池运行状态仍然良好。值得注意的是，柔性 ZIBs 在
5 次裁剪后电压仍保持在 1.32 V，保持率为初始电压的 91.6%。这些结果表明裁
剪过程中的电流泄漏基本可以忽略不计。基于 M-HNTs/PAM 水凝胶电解质的柔
性 ZIBs 为具有高度耐用性和可定制的可穿戴储能器件带来光明的前景。

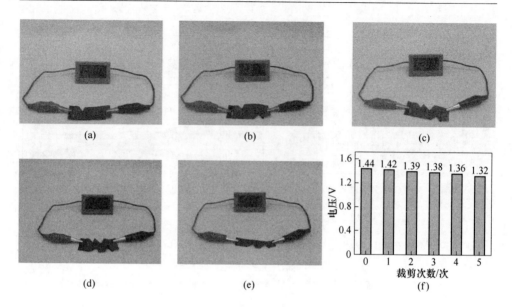

图 6-31　基于 M-HNTs/PAM 水凝胶电解质的柔性 Zn/MnO$_2$ 电池的裁剪试验
及其在裁剪后的电压分布图

（a）第 1 次裁剪试验；（b）第 2 次裁剪试验；（c）第 3 次裁剪试验；（d）第 4 次裁剪试验；
（e）第 5 次裁剪试验；（f）柔性 Zn/MnO$_2$ 电池在不同裁剪次数后的电压分布图

6.3.10　柔性电池在可伸缩电池领域的应用

随着可伸缩电子储能设备的迅速发展，皮肤传感器、柔性显示屏和可穿戴设备等柔性电子储能设备层出不穷。这些储能器件无一例外都需要具有与设备相同机械性能的电源。受限于生产材料及工艺，当前电子储能设备的电池通常是刚性的。为了跟随柔性储能设备的发展，可伸缩电池的研究需要加紧步伐。以水凝胶电解质为柔性电解质材料，可伸缩材料为集流体组装柔性可伸缩全电池。鉴于 M-HNTs/PAM 水凝胶具有优异的柔性、力学性能和拉伸性能，探索了其在可伸缩领域的潜在应用。CNF 具有优异的拉伸性能和界面兼容性，特别是在柔性电池的反复拉伸时能够保证界面处快速的离子和电子传输，保证了电池各个组分在机械应力下不出现分层现象。以 CNF 作为柔性 ZIBs 的正负极集流体与 M-HNTs/PAM 水凝胶电解质通过预应变方法组装柔性可伸缩 ZIBs[249]。图 6-32 为基于 M-HNTs/PAM 水凝胶电解质的柔性 Zn/MnO$_2$ 电池在压缩和拉伸后的光学照片。由图可见，柔性可伸缩 ZIBs 在压缩和拉伸后保持良好的运行状态，能够持续地为电子表供能同时保持完整的结构。

图 6-33 为基于 M-HNTs/PAM 水凝胶电解质的柔性可伸缩 ZIBs 在拉伸和压缩状态下的长循环性能。从图中可以看出，柔性 ZIBs 在拉伸状态下，电极与水凝

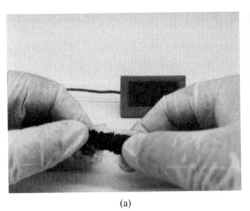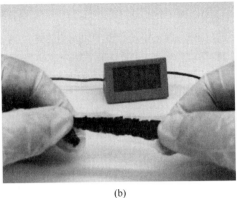

(a)   (b)

图 6-32 基于 M-HNTs/PAM 水凝胶电解质的柔性 Zn/MnO₂ 电池在
压缩和拉伸后的光学照片

（a）压缩后的光学照片；（b）拉伸后的光学照片

胶电解质的接触良好，在充放电期间能够提供更大的放电比容量。在水凝胶电解
质被压缩时，柔性 ZIBs 受到电极与水凝胶电解质之间不良的界面接触影响导致
放电比容量降低。基于 M-HNTs/PAM 水凝胶电解质的柔性可伸缩 ZIBs 非常有希
望应用于柔性可伸缩固态软包电池中。

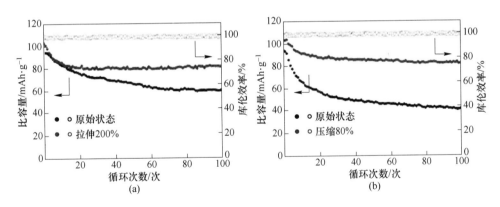

图 6-33 20 C 倍率下基于 M-HNTs/PAM 水凝胶电解质的柔性可伸缩 ZIBs 在拉伸 200% 和
压缩 80% 状态下的长循环性能

（a）在拉伸 200% 状态下的长循环性能；（b）在压缩 80% 状态下的长循环性能

（扫描书前二维码看彩图）

参 考 文 献

[1] Berthier P. Analyse de l'halloysite [J]. Annales Chimie Et de Physique, 1826, 32: 332-335.

[2] Zhao Mingfei, Liu Peng. Adsorption behavior of methylene blue on halloysite nanotubes [J]. Microporous and Mesoporous Materials, 2008, 112 (1/2/3): 419-424.

[3] González-Rivera José, Spepi Alessio, Ferrari Carlo, et al. Structural, textural and thermal characterization of a confined nanoreactor with phosphorylated catalytic sites grafted onto a halloysite nanotube lumen [J]. Applied Clay Science, 2020, 196: 105752.

[4] Xie Atian, Dai Jiangdong, Chen Xiang, et al. Hollow imprinted polymer nanorods with a tunable shell using halloysite nanotubes as a sacrificial template for selective recognition and separation of chloramphenicol [J]. RSC Advances, 2016, 6 (56): 51014-51023.

[5] Lazzara Giuseppe, Cavallaro Giuseppe, Panchal Abhishek, et al. An assembly of organic-inorganic composites using halloysite clay nanotubes [J]. Current Opinion in Colloid & Interface Science, 2018, 35: 42-50.

[6] Vinokurov V, Stavitskaya A, Glotov A, et al. Halloysite nanotube-based cobalt mesocatalysts for hydrogen production from sodium borohydride [J]. Journal of Solid State Chemistry, 2018, 268: 182-189.

[7] Xu Peijie, Zhou Yi, Cheng Hongfei. Large-scale orientated self-assembled halloysite nanotubes membrane with nanofluidic ion transport properties [J]. Applied Clay Science, 2019, 180: 105184.

[8] Zhao Xiujuan, Zhou Changren, Liu Mingxian. Self-assembled structures of halloysite nanotubes: Towards the development of high-performance biomedical materials [J]. Journal of Materials Chemistry B, 2020, 8 (5): 838-851.

[9] Yuan Peng, Southon Peter D, Liu Zongwen, et al. Functionalization of halloysite clay nanotubes by grafting with γ-aminopropyltriethoxysilane [J]. Journal of Physical Chemistry C, 2008, 112: 15742-15751.

[10] Lvov Yuri M, Shchukin Dmitry G, Mohwald Helmuth, et al. Halloysite clay nanotubes for controlled release of protective agents [J]. ACS Nano, 2008, 2: 814-820.

[11] Vergaro Viviana, Abdullayev Elshad, Lvov Yuri M, et al. Cytocompatibility and uptake of halloysite clay nanotubes [J]. Biomacromolecules, 2010, 11: 820-826.

[12] Lin Yue, Wang Xuming, Liu Jin, et al. Natural halloysite nano-clay electrolyte for advanced all-solid-state lithium-sulfur batteries [J]. Nano Energy, 2017, 31: 478-485.

[13] Xu Peijie, Wang Chunyuan, Zhao Bingxin, et al. A high-strength and ultra-stable halloysite nanotubes-crosslinked polyacrylamide hydrogel electrolyte for flexible Zinc-ion batteries [J]. Journal of Power Sources, 2021, 506: 230196.

[14] Xu P, Wang C, Zhao B, et al. An interfacial coating with high corrosion resistance based on halloysite nanotubes for anode protection of Zinc-ion batteries [J]. Journal of Colloid and Interface Science, 2021, 602: 859-867.

[15] Feng Jianwen, Ao Xiaohu, Lei Zhiwen, et al. Hollow nanotubular clay composited comb-like

methoxy poly (ethylene glycol) acrylate polymer as solid polymer electrolyte for lithium metal batteries [J]. Electrochimica Acta, 2020, 340: 135995.

[16] Huang Chenghao, Ji Hui, Guo Bin, et al. Composite nanofiber membranes of bacterial cellulose/ halloysite nanotubes as lithium ion battery separators [J]. Cellulose, 2019, 26 (11): 6669-6681.

[17] Zhao Yafei, Kong Weixiao, Jin Zunlong, et al. Storing solar energy within ag-paraffin @ halloysite microspheres as a novel self-heating catalyst [J]. Applied Energy, 2018, 222: 180-188.

[18] Lan Y, Liu Y, Li J, et al. Natural clay-based materials for energy storage and conversion applications [J]. Advanced Science, 2021, 8 (11): 2004036.

[19] Pei Yixian, Wang Yuxin, Darraf Yusuf, et al. Confining sulfur particles in clay nanotubes with improved cathode performance of lithium-sulfur batteries [J]. Journal of Power Sources, 2020, 450: 227698.

[20] Liang Jin, Tan Hui, Xiao Chunhui, et al. Hydroxyl-riched halloysite clay nanotubes serving as substrate of nio nanosheets for high-performance supercapacitor [J]. Journal of Power Sources, 2015, 285: 210-216.

[21] Song Ming, Tan Hua, Chao Dongliang, et al. Recent advances in zn-ion batteries [J]. Advanced Functional Materials, 2018, 28 (41): 1802564.

[22] Li Nana, Zhou Jie, Yu Jiangsheng, et al. Halloysite nanotubes favored facile deposition of nickel disulfide on nimn oxides nanosheets for high-performance energy storage [J]. Electrochimica Acta, 2018, 273: 349-357.

[23] Liu Mingxian, Jia Zhixin, Jia Demin, et al. Recent advance in research on halloysite nanotubes-polymer nanocomposite [J]. Progress in Polymer Science, 2014, 39 (8): 1498-1525.

[24] Li H, Feng Z, Zhao K, et al. Chemically crosslinked liquid crystalline poly (ionic liquid) s/ halloysite nanotubes nanocomposite ionogels with superior ionic conductivity, high anisotropic conductivity and a high modulus [J]. Nanoscale, 2019, 11 (8): 3689-3700.

[25] Zhu Q, Wang X, Miller J. D. Advanced nanoclay-based nanocomposite solid polymer electrolyte for lithium iron phosphate batteries [J]. ACS Applied Materials & Interfaces, 2019, 11 (9): 8954-8960.

[26] Cao Xiang, Sun Yingjuan, Sun Yongrong, et al. Conductive halloysite clay nanotubes for high performance sodium ion battery cathode [J]. Applied Clay Science, 2021, 213: 106265.

[27] M Mehmel. Uber die struktur von halloysit und metahalloysit [J]. Zeits Krist, 1935, 90 (1/2/3/4/5/6): 35-43.

[28] Yuan Peng, Tan Daoyong, Annabi-Bergaya Faïza. Properties and applications of halloysite nanotubes: Recent research advances and future prospects [J]. Applied Clay Science, 2015, 112: 75-93.

[29] Singh B. Why does halloysite roll-a new model [J]. Clay and Clay Minerals, 1996, 44 (2): 191-196.

[30] Singh B, Gilkes R J. An electron optical investigation of the alteration of kaolinite to halloysite [J]. Clay and Clay Minerals, 1992, 40 (2): 212-229.

[31] Panchal A, Fakhrullina G, Fakhrullin R, et al. Self-assembly of clay nanotubes on hair surface for medical and cosmetic formulations [J]. Nanoscale, 2018, 10 (38): 18205-18216.

[32] Pasbakhsh Pooria, Churchman G. Jock, Keeling John L. Characterisation of properties of various halloysites relevant to their use as nanotubes and microfibre fillers [J]. Applied Clay Science, 2013, 74: 47-57.

[33] Price R R, Gaber B P, Lvov Y. In-vitro release characteristics of tetracycline hcl, khellin and nicotinamide adenine dineculeotide from halloysite: a cylindrical mineral [J]. Journal of Microencapsulation, 2001, 18 (6): 713-722.

[34] Ismail H, Pasbakhsh Pooria, Fauzi M N Ahmad, et al. Morphological, thermal and tensile properties of halloysite nanotubes filled ethylene propylene diene monomer(EPDM)nanocomposites [J]. Polymer Testing, 2008, 27 (7): 841-850.

[35] Du Mingliang, Guo Baochun, Jia Demin. Newly emerging applications of halloysite nanotubes: A review [J]. Polymer International, 2010, 59 (5): 574-582.

[36] Liu Mingxian, Guo Baochun, Du Mingliang, et al. Properties of halloysite nanotube-epoxy resin hybrids and the interfacial reactions in the systems [J]. Nanotechnology, 2007, 18 (45): 455703.

[37] Wei Ping, Tian Guohua, Yu Haizhuo, et al. Synthesis of a novel organic-inorganic hybrid mesoporous silica and its flame retardancy application in PC/ABS [J]. Polymer Degradation and Stability, 2013, 98 (5): 1022-1029.

[38] Joussein E, Petit S, Churchman J, et al. Halloysite clay minerals-a review [J]. Clay Minerals, 2005, 40 (4): 383-426.

[39] Lvov Yuri, Price R, Gaber B, et al. Thin film nanofabrication via layer-by-layer adsorption of tubule halloysite, spherical silica, proteins and polycations [J]. Colloids and Surfaces, 2002, 198: 375-382.

[40] Liu M, Zhang Y, Wu C, et al. Chitosan/halloysite nanotubes bionanocomposites: structure, mechanical properties and biocompatibility [J]. International Journal of Biological Macromolecules, 2012, 51 (4): 566-575.

[41] Solomon D H. Clay minerals as electron acceptors and/or electron donors in organic reactions [J]. Clay and Clay Minerals, 1968, 16: 31-39.

[42] Fares M L, Athmani M, Khelfaoui Y, et al. An investigation into the effects of conventional heat treatments on mechanical characteristics of new hot working tool steel [C]. IOP Conference Series: Materials Science and Engineering, 2012, 28: 012042.

[43] Guo Baochun, Lei Yanda, Chen Feng, et al. Styrene-butadiene rubber/halloysite nanotubes nanocomposites modified by methacrylic acid [J]. Applied Surface Science, 2008, 255 (5): 2715-2722.

[44] Abdullayev E, Sakakibara K, Okamoto K, et al. Natural tubule clay template synthesis of silver nanorods for antibacterial composite coating [J]. ACS Applied Materials & Interfaces,

2011, 3 (10): 4040-4046.

[45] Matusik Jakub, Wścisło Anna. Enhanced heavy metal adsorption on functionalized nanotubular halloysite interlayer grafted with aminoalcohols [J]. Applied Clay Science, 2014, 100: 50-59.

[46] Wang Jinhua, Zhang Xiang, Zhang Bing, et al. Rapid adsorption of CR (VI) on modified halloysite nanotubes [J]. Desalination, 2010, 259 (1/2/3): 22-28.

[47] Shchukin D G, Sukhorukov G B, Price R R, et al. Halloysite nanotubes as biomimetic nanoreactors [J]. Small, 2005, 1 (5): 510-513.

[48] Munch E, Launey E M, Alsem D H, et al. Tough, bio-inspired hybrid materials [J]. Science, 2008, 322 (5907): 1516-1520.

[49] Hou X, Jiang L. Learning from nature: Building bio-inspired smart nanochannels [J]. ACS Nano, 2009, 3 (11): 3339-3342.

[50] Huh D, Mills K L, Zhu X, et al. Tuneable elastomeric nanochannels for nanofluidic manipulation [J]. Nature Materials, 2007, 6 (6): 424-428.

[51] Danelon C, Santschi C, Brugger J, et al. Fabrication and functionalization of nanochannels by electron-beam-induced silicon oxide deposition [J]. Langmuir, 2006, 22: 10711-10715.

[52] Zharov I, White H S, Bohaty A K. Photon gated transport at the glass nanopore electrode [J]. Journal of the American Chemical Society, 2006, 128 (41): 13553-13558.

[53] Ali M, Ramirez P, Mafé S, et al. A ph-tunable nanofluidic diode with a broad range of rectifying properties [J]. ACS Nano, 2009, 3 (3): 603-608.

[54] Hou X, Guo W, Xia F, et al. A biomimetic potassium responsive nanochannel: G-quadruplex dna conformational switching in a synthetic nanopore [J]. Journal of the American Chemical Society, 2009, 131 (22): 7800-7805.

[55] Zhou Jie, Dai Simeng, Li Yanan, et al. Earth-abundant nanotubes with layered assembly for battery-type supercapacitors [J]. Chemical Engineering Journal, 2018, 350: 835-843.

[56] Hou X, Guo W, Jiang L. Biomimetic smart nanopores and nanochannels [J]. Chemical Society Reviews, 2011, 40 (5): 2385-2401.

[57] Wendell D, Jing P, Geng J, et al. Translocation of double-stranded DNA through membrane-adapted phi29 motor protein nanopores [J]. Nature Nanotechnology, 2009, 4 (11): 765-772.

[58] Zhang B, Zhang Y, White H S. The nanopore electrode [J]. Analytical Chemistry, 2004, 76 (21): 6229-6238.

[59] Yuan J H, He F Y, Sun D C, et al. A simple method for preparation of through-hole porous anodic alumina membrane [J]. Chemistry of Materials, 2004, 16 (10): 1841-1844.

[60] Jang G, Kim S B, Park S I, et al. Ion-beam sculpting at nanometre length scales [J]. Nature, 2001, 412 (6843): 166-169.

[61] Wu S, Park S R, Ling X S. Lithography-free formation of nanopores in plastic membranes using laser heating [J]. Nano Letters, 2006, 6 (11): 2571-2576.

[62] Apel P. Track etching technique in membrane technology [J]. Radiation Measurements,

2001, 34 (1/2/3/4/5/6): 559-566.

[63] Yang Yang. Synthesis and properties of halloysite templated tubular MoS$_2$ as cathode material for rechargeable aqueous Zn-ion batteries [J]. International Journal of Electrochemical Science, 2020: 6052-6059.

[64] Li Ye, Zhi Jian, Xue Bing, et al. Enhanced electrochemical properties of LiMn$_2$O$_4$ cathode by adding halloysite nanotubes as additive [J]. Materials Chemistry and Physics, 2022, 276: 125331.

[65] Cen T, Zhang Y, Tian Y, et al. Synthesis and electrochemical performance of graphene@ halloysite nanotubes/sulfur composites cathode materials for lithium-sulfur batteries [J]. Materials, 2020, 13 (22).

[66] Ganganboina Akhilesh Babu, Dutta Chowdhury Ankan, et al. New avenue for appendage of graphene quantum dots on halloysite nanotubes as anode materials for high performance supercapacitors [J]. ACS Sustainable Chemistry & Engineering, 2017, 5 (6): 4930-4940.

[67] Xie Ying, Chen Xiaofei, Han Kai, et al. Natural halloysite nanotubes-coated polypropylene membrane as dual-function separator for highly safe Li-ion batteries with improved cycling and thermal stability [J]. Electrochimica Acta, 2021, 379: 138182.

[68] Wang S, Zhang D, Shao Z, et al. Cellulosic materials-enhanced sandwich structure-like separator via electrospinning towards safer lithium-ion battery [J]. Carbohydr Polym, 2019, 214: 328-336.

[69] Shen Wei, Li Ke, Lv Yangyang, et al. Highly-safe and ultra-stable all-flexible gel polymer lithium ion batteries aiming for scalable applications [J]. Advanced Energy Materials, 2020, 10 (21): 1904281.

[70] Zhu Ming, Lan Jinle, Tan Chunyu, et al. Degradable cellulose acetate/poly-L-lacticacid/ halloysite nanotube composite nanofiber membranes with outstanding performance for gel polymer electrolytes [J]. Journal of Materials Chemistry A, 2016, 4 (31): 12136-12143.

[71] Papoulis Dimitrios, Tsolis-Katagas Panagiota, Kalampounias Angelos G, et al. Progressive formation of halloysite from the hydrothermal alteration of biotite and the formation mechanisms of anatase in altered volcanic rocks from limnos island, northeast aegean sea, greece [J]. Clays and Clay Minerals, 2009, 57 (5): 566-577.

[72] Adamo P, Violante P, Wilson M J. Tubular and spheroidal halloysite in pyroclastic deposits in the area of the roccamonfina volcano (Southern Italy)[J]. Geoderma, 2001, 99 (3/4): 295-316.

[73] Wilson M J. The origin and formation of clay minerals in soils: Past, present and future perspectives [J]. Clay Minerals, 1999, 34 (1): 7-25.

[74] 周开灿, 罗方源, 冯启明, 等. "叙永式"高岭土的开发利用 [J]. 矿产综合利用, 2000 (1): 37-41.

[75] 张术根, 丁俊, 刘小胡. 辰溪仙人湾埃洛石的晶体结构、形貌及应用 [J]. 中南大学学报: 自然科学版, 2006, 37 (5): 7.

[76] Cheng Hongfei, Liu Qinfu, Yang Jing, et al. Infrared spectroscopic study of halloysite-

potassium acetate intercalation complex [J]. Journal of Molecular Structure, 2011, 990 (1/2/3): 21-25.

[77] Brindley G W, Nakahira M. Kinetics of dehydroxylation of kaolinite and halloysite [J]. Journal of the American Ceramic Society, 1957, 40 (10): 346-350.

[78] Yuan Peng, Tan Daoyong, Aannabi-Bergaya Faïz, et al. Changes in structure, morphology, porosity, and surface activity of mesoporous halloysite nanotubes under heating [J]. Clays and Clay Minerals, 2012, 60 (6): 561-573.

[79] Guo Wei, Cao Liuxuan, Xia Junchao, et al. Energy harvesting with single-ion-selective nanopores: A concentration-gradient-driven nanofluidic power source [J]. Advanced Functional Materials, 2010, 20 (8): 1339-1344.

[80] Cao Liuxuan, Xiao Feilong, Feng Yaping, et al. Anomalous channel-length dependence in nanofluidic osmotic energy conversion [J]. Advanced Functional Materials, 2017, 27 (9): 1604302.

[81] Cheng H, Zhou Y, Feng Y, et al. Electrokinetic energy conversion in self-assembled 2D nanofluidic channels with janus nanobuilding blocks [J]. Advanced Materials, 2017, 29 (23): 1700177.

[82] Yang J, Hu X, Kong X, et al. Photo-induced ultrafast active ion transport through graphene oxide membranes [J]. Nature Communications, 2019, 10 (1): 1171.

[83] Feng Y, Zhu W, Guo W, et al. Bioinspired energy conversion in nanofluidics: A paradigm of material evolution [J]. Advanced Materials, 2017, 29 (45): 1702773.

[84] Li Bo, Han Wei, Byun Myunghwan, et al. Macroscopic highly aligned DNA nanowires created by controlled evaporative self-assembly [J]. ACS Nano, 2013, 7 (5): 4326-4333.

[85] Koltonow Andrew R, Huang Jiaxing. Two-dimensional nanofluidics [J]. Science, 2016, 351 (6280): 1395-1396.

[86] Menard L D, Ramsey J M. Fabrication of sub-5 nm nanochannels in insulating substrates using focused ion beam milling [J]. Nano Letters, 2011, 11 (2): 512-517.

[87] Stein D, Kruithof M, Dekker C. Surface-charge-governed ion transport in nanofluidic channels [J]. Physical Review Letters, 2004, 93 (3): 035901.

[88] Dimos K, Arcudi F, Kouloumpis A, et al. Top-down and bottom-up approaches to transparent, flexible and luminescent nitrogen-doped carbon nanodot-clay hybrid films [J]. Nanoscale, 2017, 9 (29): 10256-10262.

[89] Raidongia K, Huang J. Nanofluidic ion transport through reconstructed layered materials [J]. Journal of the American Chemical Society, 2012, 134 (40): 16528-16531.

[90] Shao J J, Raidongia K, Koltonow A R, et al. Self-assembled two-dimensional nanofluidic proton channels with high thermal stability [J]. Nature Communications, 2015, 6: 7602.

[91] Su B, Guo W, Jiang L. Learning from nature: Binary cooperative complementary nanomaterials [J]. Small, 2015, 11 (9/10): 1072-1096.

[92] Gao J, Feng Y, Guo W, et al. Nanofluidics in two-dimensional layered materials: Inspirations from nature [J]. Chemical Society Reviews, 2017, 46 (17): 5400-5424.

［93］Zhang X, Wen Q, Wang L, et al. Asymmetric electrokinetic proton transport through 2D nanofluidic heterojunctions ［J］. ACS Nano, 2019, 13 (4): 4238-4245.

［94］Su B, Wu Y, Jiang L. The art of aligning one-dimensional (1D) nanostructures ［J］. Chemical Society Reviews, 2012, 41 (23): 7832-7856.

［95］Du Peixin, Liu Dong, Yuan Peng, et al. Controlling the macroscopic liquid-like behaviour of halloysite-based solvent-free nanofluids via a facile core pretreatment ［J］. Applied Clay Science, 2018, 156: 126-133.

［96］Cavallaro G, Danilushkina A A, Evtugyn V G, et al. Halloysite nanotubes: Controlled access and release by smart gates ［J］. Nanomaterials, 2017, 7 (8): 199.

［97］Lvov Yuri, Abdullayev Elshad. Functional polymer-clay nanotube composites with sustained release of chemical agents ［J］. Progress in Polymer Science, 2013, 38 (10/11): 1690-1719.

［98］Tan Daoyong, Yuan Peng, Annabi-Bergaya Faïza, et al. A comparative study of tubular halloysite and platy kaolinite as carriers for the loading and release of the herbicide amitrole ［J］. Applied Clay Science, 2015, 114: 190-196.

［99］Zhou Yi, Lachance Anna Marie, Smith Andrew T, et al. Strategic design of clay-based multifunctional materials: From natural minerals to nanostructured membranes ［J］. Advanced Functional Materials, 2019, 29 (16): 1807611.

［100］Umemura Y, Shinohara E, Schoonheydt R A. Preparation of langmuir-blodgett films of aligned sepiolite fibers and orientation of methylene blue molecules adsorbed on the film ［J］. Physical Chemistry Chemical Physics, 2009, 11 (42): 9804-9810.

［101］Zhao Y, Cavallaro G, Lvov Y. Orientation of charged clay nanotubes in evaporating droplet meniscus ［J］. Journal of Colloid and Interface Science, 2015, 440: 68-77.

［102］Sean Wong Sean, Kitaev Vladimir, Ozin Geoffrey A. Colloidal crystal films: Advances in universality and perfection ［J］. Journal of the American Chemical Society, 2003, 125: 15589-15598.

［103］Han W, Lin Z. Learning from "Coffee Rings": Ordered structures enabled by controlled evaporative self-assembly ［J］. Angewandte Chemie-International Edition, 2012, 51 (7): 1534-1546.

［104］Shastry T A, Seo J W, Lopez J J, et al. Large-area, electronically monodisperse, aligned single-walled carbon nanotube thin films fabricated by evaporation-driven self-assembly ［J］. Small, 2013, 9 (1): 45-51.

［105］Cheng H, Yang J, Liu Q, et al. A spectroscopic comparison of selected chinese kaolinite, coal bearing kaolinite and halloysite—A mid-infrared and near-infrared study ［J］. Spectrochimica Acta Part A: Molecular and Biomolecular Spectroscopy, 2010, 77 (4): 856-861.

［106］Han Yonghua, Liu Wenli, Zhou Jia, et al. Interactions between kaolinite AL-OH surface and sodium hexametaphosphate ［J］. Applied Surface Science, 2016, 387: 759-765.

［107］Zhang Shanju, Terentjev Eugene M, Donald Athene M. Optical microscopy study for director patterns around disclinations in side-chain liquid crystalline polymer films [J]. Journal of Physical Chemistry B, 2005, 109: 13195-13199.

[108] He X, Gao W, Xie L, et al. Wafer-scale monodomain films of spontaneously aligned single-walled carbon nanotubes [J]. Nature Nanotechnology, 2016, 11 (7): 633-638.

[109] Mazierski Pawel, Nadolna Joanna, Lisowski Wojciech, et al. Effect of irradiation intensity and initial pollutant concentration on gas phase photocatalytic activity of TiO_2 nanotube arrays [J]. Catalysis Today, 2017, 284: 19-26.

[110] Meng Wan, Hyun Jae Yong, Song Dong Ik, et al. Surface modification and in vitro blood compatibilities [J]. Journal of Applied Polymer Science, 2003, 90: 1959-1969.

[111] Gao J, Liu X, Jiang Y, et al. Understanding the giant gap between single-pore-and membrane-based nanofluidic osmotic power generators [J]. Small, 2019, 15 (11): 1804279.

[112] Jiang Y, Gao J, Guo W, et al. Mechanical exfoliation of track-etched two-dimensional layered materials for the fabrication of ultrathin nanopores [J]. Chemical Communications, 2014, 50 (91): 14149-14152.

[113] Duan C, Majumdar A. Anomalous ion transport in 2-nm hydrophilic nanochannels [J]. Nature Nanotechnology, 2010, 5 (12): 848-852.

[114] Wu J, Gerstandt K, Zhang H, et al. Electrophoretically induced aqueous flow through single-walled carbon nanotube membranes [J]. Nature Nanotechnology, 2012, 7 (2): 133-139.

[115] Xu W, Wang Y. Recent progress on Zinc-ion rechargeable batteries [J]. Nano-Micro Letters, 2019, 11 (1): 90.

[116] Deng Canbin, Xie Xuesong, Han Junwei, et al. A sieve-functional and uniform-porous kaolin layer toward stable Zinc metal anode [J]. Advanced Functional Materials, 2020, 30 (21): 2000599.

[117] Wan F, Niu Z. Design strategies for vanadium-based aqueous Zinc-ion batteries [J]. Angewandte Chemie-International Edition, 2019, 58 (46): 16358-16367.

[118] Wang Na, Zhai Shengli, Ma Yuanyuan, et al. Tridentate citrate chelation towards stable fiber Zinc-polypyrrole battery with hybrid mechanism [J]. Energy Storage Materials, 2021, 43: 585-594.

[119] Fu Yanqing, Wei Qiliang, Zhang Gaixia, et al. High-performance reversible aqueous Zn-ion battery based on porous MnO_x nanorods coated by MOF-derived N-doped carbon [J]. Advanced Energy Materials, 2018, 8 (26): 1801445.

[120] Jiao Yiding, Kang Liqun, Berry-Gair Jasper, et al. Enabling stable MnO_2 matrix for aqueous Zinc-ion battery cathodes [J]. Journal of Materials Chemistry A, 2020, 8 (42): 22075-22082.

[121] Xu C, Li B, Du H, et al. Energetic Zinc ion chemistry: The rechargeable Zinc-ion battery [J]. Angewandte Chemie-International Edition, 2012, 51 (4): 933-935.

[122] Sun W, Wang F, Hou S, et al. Zn/MnO_2 battery chemistry with H^+ and Zn^{2+} coinsertion [J]. Journal of the American Chemical Society, 2017, 139 (29): 9775-9778.

[123] Zhang Ning, Dong Yang, Jia Ming, et al. Rechargeable aqueous $Zn-V_2O_5$ battery with high

energy density and long cycle life [J]. ACS Energy Letters, 2018, 3 (6): 1366-1372.

[124] Kundu Dipan, Adams Brian D, Duffort Victor, et al. A high-capacity and long-life aqueous rechargeable Zinc battery using a metal oxide intercalation cathode [J]. Nature Energy, 2016, 1 (10): 1-8.

[125] Ding J, Du Z, Gu L, et al. Ultrafast Zn^{2+} intercalation and deintercalation in vanadium dioxide [J]. Advanced Materials, 2018, 30 (26): 1800762.

[126] Zhang Leyuan, Chen Liang, Zhou Xufeng, et al. Towards high-voltage aqueous metal-ion batteries beyond 1.5 V: The Zinc/Zinc hexacyanoferrate system [J]. Advanced Energy Materials, 2015, 5 (2): 1400930.

[127] Trocoli R, La Mantia F. An aqueous Zinc-ion battery based on copper hexacyanoferrate [J]. ChemSusChem, 2015, 8 (3): 481-485.

[128] Xu Wangwang, Zhao Kangning, Wang Ying. Electrochemical activated MoO_2/Mo_2N heterostructured nanobelts as superior Zinc rechargeable battery cathode [J]. Energy Storage Materials, 2018, 15: 374-379.

[129] Li Wei, Wang Kangli, Cheng Shijie, et al. A long-life aqueous Zn-ion battery based on $Na_3V_2(PO_4)_2F_3$ cathode [J]. Energy Storage Materials, 2018, 15: 14-21.

[130] Li B, Nie Z, Vijayakumar M, et al. Ambipolar Zinc-polyiodide electrolyte for a high-energy density aqueous redox flow battery [J]. Nature Communications, 2015, 6: 6303.

[131] Lahiri A, Yang L, Li G, et al. Mechanism of Zn-ion intercalation/deintercalation in a Zn-polypyrrole secondary battery in aqueous and bio-ionic liquid electrolytes [J]. ACS Applied Materials & Interfaces, 2019, 11 (48): 45098-45107.

[132] Yu H, Liu G, Wang M, et al. Plasma-assisted surface modification on the electrode interface for flexible fiber-shaped Zn-polyaniline batteries [J]. ACS Applied Materials & Interfaces, 2020, 12 (5): 5820-5830.

[133] Cao L, Zhang B, Ou X, et al. Synergistical coupling interconnected ZnS/SnS_2 nanoboxes with polypyrrole-derived N/S dual-doped carbon for boosting high-performance sodium storage [J]. Small, 2019, 15 (9): 1804861.

[134] Zhou Min, Xiong Ya, Cao Yuliang, et al. Electroactive organic anion-doped polypyrrole as a low cost and renewable cathode for sodium-ion batteries [J]. Journal of Polymer Science Part B: Polymer Physics, 2013, 51 (2): 114-118.

[135] Li Xianwei, Xie Xiuli, Lv Ruihua, et al. Nanostructured polypyrrole composite aerogels for rechargeable flexible aqueous Zn-ion battery with high rate capabilities [J]. Energy Technology, 2019, 7 (5): 1801092.

[136] Yah W O, Xu H, Soejima H, et al. Biomimetic dopamine derivative for selective polymer modification of halloysite nanotube lumen [J]. Journal of the American Chemical Society, 2012, 134 (29): 12134-12137.

[137] Cavallaro G, Milioto S, Lazzara G. Halloysite nanotubes: Interfacial properties and applications in cultural heritage [J]. Langmuir, 2020, 36 (14): 3677-3689.

[138] Rouhi Mojtaba, Babamoradi Mohsen, Hajizadeh Zoleikha, et al. Design and performance of

polypyrrole/halloysite nanotubes/Fe$_3$O$_4$/Ag/Co nanocomposite for photocatalytic degradation of methylene blue under visible light irradiation [J]. Optik, 2020, 212: 164721.

[139] Du Chen, Zhang Yong, Zhang Dongzhi, et al. An in situ polymerized polypyrrole/halloysite nanotube-silver nanoflower based flexible wearable pressure sensor with a large measurement range and high sensitivity [J]. Journal of Materials Chemistry C, 2021, 9 (38): 13172-13181.

[140] Yang Chao, Liu Peng, Zhao Yongqing. Preparation and characterization of coaxial halloysite/polypyrrole tubular nanocomposites for electrochemical energy storage [J]. Electrochimica Acta, 2010, 55 (22): 6857-6864.

[141] Derjaguin B, Landau L. Theory of the stability of strongly charged lyophobic sols and of the adhesion of strongly charged particles in solutions of electrolytes [J]. Progress in Surface Science, 1993, 43 (1/2/3/4): 30-59.

[142] Hong Jing, Wu Tong, Wu Haiyang, et al. Nanohybrid silver nanoparticles @ halloysite nanotubes coated with polyphosphazene for effectively enhancing the fire safety of epoxy resin [J]. Chemical Engineering Journal, 2021, 407: 127087.

[143] Rudge Andy, Davey John, Raistrick Ian, et al. Conducting polymers as active materials in electrochemical capacitors [J]. Journal of Power Sources, 1994, 47: 89-107.

[144] Liu C, Li F, Ma L P, et al. Advanced materials for energy storage [J]. Advanced Energy Materials, 2010, 22 (8): E28-62.

[145] Kang B, Ceder G. Battery materials for ultrafast charging and discharging [J]. Nature, 2009, 458 (7235): 190-193.

[146] Tang Wei, Zhu Yusong, Hou Yuyang, et al. Aqueous rechargeable lithium batteries as an energy storage system of superfast charging [J]. Energy & Environmental Science, 2013, 6 (7): 2093.

[147] Larcher D, Tarascon J M. Towards greener and more sustainable batteries for electrical energy storage [J]. Nature Chemistry, 2015, 7 (1): 19-29.

[148] Yang Wenjin, Chen Dong, She Yuqi, et al. Rational design of vanadium chalcogenides for sodium-ion batteries [J]. Journal of Power Sources, 2020, 478: 228769.

[149] An Q, Li Y, Yoo H D, et al. Graphene decorated vanadium oxide nanowire aerogel for long-cycle-life magnesium battery cathodes [J]. Nano Energy, 2015, 18: 265-272.

[150] Lin M C, Gong M, Lu B, et al. An ultrafast rechargeable aluminium-ion battery [J]. Nature, 2015, 520 (7547): 325-328.

[151] Kumar Sonal, Verma Vivek, Arora Hemal, et al. Rechargeable Al-metal aqueous battery using namnhcf as a cathode: Investigating the role of coated-Al anode treatments for superior battery cycling performance [J]. ACS Applied Energy Materials, 2020, 3 (9): 8627-8635.

[152] Li Chuanchang, Xie Baoshan, Chen Jian, et al. Enhancement of nitrogen and sulfur co-doping on the electrocatalytic properties of carbon nanotubes for VO^{2+}/VO^{2+} redox reaction [J]. RSC Advances, 2017, 7 (22): 13184-13190.

［153］ Chen Tao, Zhu Xiaoquan, Chen Xifan, et al. VS2 nanosheets vertically grown on graphene as high-performance cathodes for aqueous Zinc-ion batteries ［J］. Journal of Power Sources, 2020, 477: 228652.

［154］ Zhao Yinlei, Zhu Yunhai, Zhang Xinbo. Challenges and perspectives for manganese-based oxides for advanced aqueous Zinc-ion batteries ［J］. InfoMat, 2019, 2 (2): 237-260.

［155］ Lu W, Xie C, Zhang H, et al. Inhibition of Zinc dendrite growth in Zinc-based batteries ［J］. ChemSusChem, 2018, 11 (23): 3996-4006.

［156］ Shin J, Lee J, Park Y, et al. Aqueous Zinc ion batteries: Focus on Zinc metal anodes ［J］. Chemical Science, 2020, 11 (8): 2028-2044.

［157］ Xia Aolin, Pu Xiaoming, Tao Yayuan, et al. Graphene oxide spontaneous reduction and self-assembly on the Zinc metal surface enabling a dendrite-free anode for long-life Zinc rechargeable aqueous batteries ［J］. Applied Surface Science, 2019, 481: 852-859.

［158］ Zhao Kangning, Wang Chenxu, Yu Yanhao, et al. Ultrathin surface coating enables stabilized Zinc metal anode ［J］. Advanced Materials Interfaces, 2018, 5 (16): 1800848.

［159］ Lvov Y, Panchal A, Fu Y, et al. Interfacial self-assembly in halloysite nanotube composites ［J］. Langmuir, 2019, 35 (26): 8646-8657.

［160］ Bhoyate S, Mhin S, Jeon J E, et al. Stable and high-energy-density Zn-ion rechargeable batteries based on a MoS$_2$-coated Zn anode ［J］. ACS Applied Materials & Interfaces, 2020, 12 (24): 27249-27257.

［161］ Zhu Qiaonan, Wang Zhenya, Wang Jiawei, et al. Challenges and strategies for ultrafast aqueous Zinc-ion batteries ［J］. Rare Metals, 2020, 40 (2): 309-328.

［162］ Yarmolenko O V, Yudina A V, Khatmullina K G. Nanocomposite polymer electrolytes for the lithium power sources (a review)［J］. Russian Journal of Electrochemistry, 2018, 54 (4): 325-343.

［163］ Zhang Jing, Zhou Chunhui, Petit Sabine, et al. Hectorite: Synthesis, modification, assembly and applications ［J］. Applied Clay Science, 2019, 177: 114-138.

［164］ Dam T, Jena S S, Pradhan D K. The ionic transport mechanism and coupling between the ion conduction and segmental relaxation processes of PEO20-LiCF3SO3 based ion conducting polymer clay composites ［J］. Physical Chemistry Chemical Physics, 2016, 18 (29): 19955-19965.

［165］ Zhou Yi, Ding Hao, Smith Andrew T, et al. Nanofluidic energy conversion and molecular separation through highly stable clay-based membranes ［J］. Journal of Materials Chemistry A, 2019, 7 (23): 14089-14096.

［166］ Ummartyotin S, Bunnak N, Manuspiya H. A comprehensive review on modified clay based composite for energy based materials ［J］. Renewable and Sustainable Energy Reviews, 2016, 61: 466-472.

［167］ Gao J, Xie X, Liang S, et al. Inorganic colloidal electrolyte for highly robust Zinc-ion batteries ［J］. Nano-Micro Lettres, 2021, 13 (1): 69.

［168］ Shchukin Dmitry G, Lamaka S V, Yasakau K A, et al. Active anticorrosion coatings with halloysite nanocontainers [J]. Journal of Physical Chemistry C, 2008, 112: 958-964.

[169] Mei Dandan, Zhang Bing, Liu Ruichao, et al. Preparation of capric acid/halloysite nanotube composite as form-stable phase change material for thermal energy storage [J]. Solar Energy Materials and Solar Cells, 2011, 95 (10): 2772-2777.

[170] Shutava T G, Fakhrullin R F, Lvov Y M. Spherical and tubule nanocarriers for sustained drug release [J]. Current Opinion Pharmacology, 2014, 18: 141-148.

[171] Glotov A, Levshakov N, Stavitskaya A, et al. Templated self-assembly of ordered mesoporous silica on clay nanotubes [J]. Chemical Communications, 2019, 55 (38): 5507-5510.

[172] Abdullayev Elshad, Joshi Anupam, Wei Wenbo, et al. Enlargement of halloysite clay nanotube lumen by selective etching of aluminum oxide [J]. ACS Nano, 2012, 6 (8): 7216-7226.

[173] Corni Ilaria, Ryan Mary P, Boccaccini Aldo R. Electrophoretic deposition: From traditional ceramics to nanotechnology [J]. Journal of the European Ceramic Society, 2008, 28 (7): 1353-1367.

[174] Zhao C, Zheng H, Sun Y, et al. Evaluation of a novel dextran-based flocculant on treatment of dye wastewater: Effect of kaolin particles [J]. Science of the Total Environment, 2018, 640: 243-254.

[175] Wei M, Ruys A J, Milthorpe B K, et al. Precipitation of hydroxyapatite nanoparticles: Effects of precipitation method on electrophoretic deposition [J]. Journal of Materials Science Materials in Medicine, 2005, 16 (4): 319-324.

[176] Abdallah M. Ethoxylated fatty alcohols as corrosion inhibitors for dissolution of Zinc in hydrochloric acid [J]. Corrosion Science, 2003, 45 (12): 2705-2716.

[177] Zuo Dingchuan, Song Shengchao, An Changsheng, et al. Synthesis of sandwich-like structured Sn/SnO_x @ mxene composite through in-situ growth for highly reversible lithium storage [J]. Nano Energy, 2019, 62: 401-409.

[178] Karayaylali P, Tatara R, Zhang Y, et al. Coating-dependent electrode-electrolyte interface for Ni-rich positive electrodes in Li-ion batteries [J]. Journal of the Electrochemical Society, 2019, 166 (6): 1022-1030.

[179] Farrokhi-Rad Morteza, Fateh Amin, Shahrabi Taghi. Electrophoretic deposition of vancomycin loaded halloysite nanotubes-chitosan nanocomposite coatings [J]. Surface and Coatings Technology, 2018, 349: 144-156.

[180] Chen Linjer, Liao Jiunnder, Lin Shihjen, et al. Synthesis and characterization of PVB/silica nanofibers by electrospinning process [J]. Polymer, 2009, 50 (15): 3516-3521.

[181] Kang Zhuang, Wu Changle, Dong Liubing, et al. 3D porous copper skeleton supported Zinc anode towards high capacity and long cycle life Zinc-ion batteries [J]. ACS Sustainable Chemistry & Engineering, 2019, 7 (3): 3364-3371.

[182] Wang Ziqi, Hu Jiangtao, Han Lei, et al. A MOF-based single-ion Zn^{2+} solid electrolyte leading to dendrite-free rechargeable Zn batteries [J]. Nano Energy, 2019, 56: 92-99.

[183] Naveed A, Yang H, Yang J, et al. Highly reversible and safe Zn rechargeable batteries based

on triethyl phosphate electrolyte [J]. Angewandte Chemie-International Edition, 2019, 58 (9): 2760-2764.

[184] Shen C, Li X, Li N, et al. Graphene-boosted, high-performance aqueous Zn-ion battery [J]. ACS Applied Materials & Interfaces, 2018, 10 (30): 25446-25453.

[185] Dong Wei, Shi Jilei, Wang Taishan, et al. 3D Zinc@ carbon fiber composite framework anode for aqueous Zn-MnO$_2$ batteries [J]. RSC Advances, 2018, 8 (34): 19157-19163.

[186] Wang F, Borodin O, Gao T, et al. Highly reversible Zinc metal anode for aqueous batteries [J]. Nature Materials, 2018, 17 (6): 543-549.

[187] Kang Litao, Cui Mangwei, Jiang Fuyi, et al. Nanoporous CaCO$_3$ coatings enabled uniform Zn stripping/plating for long-life Zinc rechargeable aqueousb batteries [J]. Advanced Energy Materials, 2018, 8 (25): 1801090.

[188] Wang Lulu, Cao Xi, Xu Linghong, et al. Transformed akhtenskite MnO$_2$ from Mn$_3$O$_4$ as cathode for rechargeable aqueous Zinc-ion battery [J]. ACS Sustainable Chemistry & Engineering, 2018, 6 (12): 16055-16063.

[189] Zhang R, Chen X R, Chen X, et al. Lithiophilic sites in doped graphene guide uniform lithium nucleation for dendrite-free lithium metal anodes [J]. Angewandte Chemie-International Edition, 2017, 56 (27): 7764-7768.

[190] Matusik Jakub. Arsenate, orthophosphate, sulfate, and nitrate sorption equilibria and kinetics for halloysite and kaolinites with an induced positive charge [J]. Chemical Engineering Journal, 2014, 246: 244-253.

[191] Gallaway Joshua W, Desai Divyaraj, Gaikwad Abhinav, et al. A lateral microfluidic cell for imaging electrodeposited Zinc near the shorting condition [J]. Journal of the Electrochemical Society, 2010, 157 (12): A1279.

[192] Wood K N, Kazyak E, Chadwick A F, et al. Dendrites and pits: Untangling the complex behavior of lithium metal anodes through operando video microscopy [J]. ACS Central Science, 2016, 2 (11): 790-801.

[193] Zeng Y, Zhang X, Meng Y, et al. Achieving ultrahigh energy density and long durability in a flexible rechargeable quasi-solid-state Zn-MnO$_2$ battery [J]. Advanced Materials, 2017, 29 (26): 1700274.

[194] Wen L, Li F, Cheng H M. Carbon nanotubes and graphene for flexible electrochemical energy storage: From materials to devices [J]. Advanced Materials, 2016, 28 (22): 4306-4337.

[195] Liu L, Niu Z, Zhang L, et al. Nanostructured graphene composite papers for highly flexible and foldable supercapacitors [J]. Advanced Materials, 2014, 26 (28): 4855-4862.

[196] Liu Q C, Xu J J, Xu D, et al. Flexible lithium-oxygen battery based on a recoverable cathode [J]. Nature Communications, 2015, 6: 7892.

[197] Yu P, Zeng Y, Zhang H, et al. Flexible Zn-ion batteries: Recent progresses and challenges [J]. Small, 2019, 15 (7): 1804760.

[198] Li Yingbo, Fu Jing, Zhong Cheng, et al. Recent advances in flexible Zinc-based rechargeable

batteries [J]. Advanced Energy Materials, 2018, 9 (1): 1802605.

[199] Chen Minfeng, Zhou Weijun, Wang Anran, et al. Anti-freezing flexible aqueous Zn-MnO$_2$ batteries working at − 35 ℃ enabled by a borax-crosslinked polyvinyl alcohol/glycerol gel electrolyte [J]. Journal of Materials Chemistry A, 2020, 8 (14): 6828-6841.

[200] Zhang X, Pei Z, Wang C, et al. Flexible Zinc-ion hybrid fiber capacitors with ultrahigh energy density and long cycling life for wearable electronics [J]. Small, 2019, 15 (47): 1903817.

[201] Zhang Silan, Yu Nengsheng, Zeng Sha, et al. An adaptive and stable bio-electrolyte for rechargeable Zn-ion batteries [J]. Journal of Materials Chemistry A, 2018, 6 (26): 12237-12243.

[202] Li J, Celiz A. D, Yang J, et al. Tough adhesives for diverse wet surfaces [J]. Science, 2017, 357 (6349): 378-381.

[203] Chan E P, Walish J J, Urbas A M, et al. Mechanochromic photonic gels [J]. Advanced Materials, 2013, 25 (29): 3934-3947.

[204] Mo Funian, Huang Yan, Li Qing, et al. A highly stable and durable capacitive strain sensor based on dynamically super-tough hydro/organo-gels [J]. Advanced Functional Materials, 2021, 31 (28): 2010830.

[205] Kim Chongchan, Lee Hyunhee, Oh Kyu Hwan, et al. Highly stretchable, transparent ionic touch panel [J]. Science, 2016, 353 (6300): 682-687.

[206] Wan F, Zhang L, Dai X, et al. Aqueous rechargeable Zinc/sodium vanadate batteries with enhanced performance from simultaneous insertion of dual carriers [J]. Nature Communications, 2018, 9 (1): 1656.

[207] Wang Zifeng, Li Hongfei, Tang Zijie, et al. Hydrogel electrolytes for flexible aqueous energy storage devices [J]. Advanced Functional Materials, 2018, 28 (48): 1804560.

[208] Zhao J, Sonigara K K, Li J, et al. A smart flexible Zinc battery with cooling recovery ability [J]. Angewandte Chemie International Edition, 2017, 56 (27): 7871-7875.

[209] Wang Z, Mo F, Ma L, et al. Highly compressible cross-linked polyacrylamide hydrogel-enabled compressible Zn-MnO$_2$ battery and a flexible battery-sensor system [J]. ACS Applied Materials & Interfaces, 2018, 10 (51): 44527-44534.

[210] Cong Jianlong, Shen Xiu, Wen Zhipeng, et al. Ultra-stable and highly reversible aqueous Zinc metal anodes with high preferred orientation deposition achieved by a polyanionic hydrogel electrolyte [J]. Energy Storage Materials, 2021, 35: 586-594.

[211] Li H, Liu Z, Liang G, et al. Waterproof and tailorable elastic rechargeable yarn Zinc ion batteries by a cross-linked polyacrylamide electrolyte [J]. ACS Nano, 2018, 12 (4): 3140-3148.

[212] Dong Haobo, Li Jianwei, Zhao Siyu, et al. An anti-aging polymer electrolyte for flexible rechargeable Zinc-ion batteries [J]. Journal of Materials Chemistry A, 2020, 8 (43): 22637-22644.

[213] Li Q, Cui X, Pan Q. A self-healable hydrogel electrolyte towards high-performance and

reliable quasi-solid-state Zn-MnO$_2$ batteries [J]. ACS Applied Materials & Interfaces, 2019, 11 (42): 38762-38770.

[214] Tang Yan, Liu Cunxin, Zhu Hanrui, et al. Ion-confinement effect enabled by gel electrolyte for highly reversible dendrite-free Zinc metal anode [J]. Energy Storage Materials, 2020, 27: 109-116.

[215] Mo Funian, Liang Guojin, Meng Qiangqiang, et al. A flexible rechargeable aqueous Zinc manganese-dioxide battery working at −20 ℃ [J]. Energy & Environmental Science, 2019, 12 (2): 706-715.

[216] Xiao Qizhen, Wang Xingzhu, Li Wen, et al. Macroporous polymer electrolytes based on PVDF/PEO-b-PMMA block copolymer blends for rechargeable lithium ion battery [J]. Journal of Membrane Science, 2009, 334 (1/2): 117-122.

[217] Zhu M, Hu J, Lu Q, et al. A patternable and in situ formed polymeric Zinc blanket for a reversible Zinc anode in a skin-mountable microbattery [J]. Advanced Materials, 2021, 33 (8): 2007497.

[218] Wang Rui, Yao Minjie, Huang Shuo, et al. Sustainable dough-based gel electrolytes for aqueous energy storage devices [J]. Advanced Functional Materials, 2021, 31 (14): 2009209.

[219] Zhu Minshen, Wang Xiaojie, Tang Hongmei, et al. Antifreezing hydrogel with high Zinc reversibility for flexible and durable aqueous batteries by cooperative hydrated cations [J]. Advanced Functional Materials, 2019, 30 (6): 1907218.

[220] Li Hongfei, Han Cuiping, Huang Yan, et al. An extremely safe and wearable solid-state Zinc ion battery based on a hierarchical structured polymer electrolyte [J]. Energy & Environmental Science, 2018, 11 (4): 941-951.

[221] Ma Longtao, Chen Shengmei, Li Hongfei, et al. Initiating a mild aqueous electrolyte Co$_3$O$_4$/Zn battery with 2.2 V-high voltage and 5000-cycle lifespan by a Co (Ⅲ) rich-electrode [J]. Energy & Environmental Science, 2018, 11 (9): 2521-2530.

[222] Wu Kai, Huang Jianhang, Yi Jin, et al. Recent advances in polymer electrolytes for Zinc ion batteries: Mechanisms, properties, and perspectives [J]. Advanced Energy Materials, 2020, 10 (12): 1903977.

[223] Zhu Tianwen, Qian Chao, Zheng Weiwen, et al. Modified halloysite nanotube filled polyimide composites for film capacitors: High dielectric constant, low dielectric loss and excellent heat resistance [J]. RSC Advances, 2018, 8 (19): 10522-10531.

[224] Subramaniyam Chandrasekar M, Srinivasan N R, Tai Zhixin, et al. Self-assembled porous carbon microparticles derived from halloysite clay as a lithium battery anode [J]. Journal of Materials Chemistry A, 2017, 5 (16): 7345-7354.

[225] Tu Jiaxing, Cao Zheng, Jing Yihan, et al. Halloysite nanotube nanocomposite hydrogels with tunable mechanical properties and drug release behavior [J]. Composites Science and Technology, 2013, 85: 126-130.

[226] Huang Biao, Liu Mingxian, Zhou Changren. Cellulose-halloysite nanotube composite

hydrogels for curcumin delivery [J]. Cellulose, 2017, 24 (7): 2861-2875.

[227] Liu M, Zhang Y, Li J, et al. Chitin-natural clay nanotubes hybrid hydrogel [J]. International Journal of Biological Macromolecules, 2013, 58: 23-30.

[228] Guo Baochun, Zou Quanliang, Lei Yanda, et al. Structure and performance of polyamide 6/halloysite nanotubes nanocomposites [J]. Polymer Journal, 2009, 41 (10): 835-842.

[229] Feng Keying, Hung Guangyu, Liu Jiashang, et al. Fabrication of high performance superhydrophobic coatings by spray-coating of polysiloxane modified halloysite nanotubes [J]. Chemical Engineering Journal, 2018, 331: 744-754.

[230] Zheng M, Lian F, Zhu Y, et al. PH-responsive poly (xanthan gum-g-acrylamide-g-acrylic acid) hydrogel: Preparation, characterization, and application [J]. Carbohydrate Polymers, 2019, 210: 38-46.

[231] Jang Jyongsik, Park Hwanseok. Formation and structure of polyacrylamide-silica nanocomposites by sol-gel process [J]. Journal of Applied Polymer Science, 2002, 83 (8): 1817-1823.

[232] Liu Ting, Xue Feng, Ding Enyong. Cellulose nanocrystals grafted with polyacrylamide assisted by macromolecular raft agents [J]. Cellulose, 2016, 23 (6): 3717-3735.

[233] Liu Mingxian, Li Wendi, Rong Jianhua, et al. Novel polymer nanocomposite hydrogel with natural clay nanotubes [J]. Colloid and Polymer Science, 2012, 290 (10): 895-905.

[234] Haraguchi Kazutoshi, Li Huanjun. Mechanical properties and structure of polymerclay nanocomposite gels with high clay content [J]. Macromolecules, 2006, 39 (5): 1898-1905.

[235] Wang Jiaqi, Liu Jie, Hu Mengmeng, et al. A flexible, electrochromic, rechargeable Zn// PPY battery with a short circuit chromatic warning function [J]. Journal of Materials Chemistry A, 2018, 6 (24): 11113-11118.

[236] Chen Z, Wang P, Ji Z, et al. High-voltage flexible aqueous Zn-ion battery with extremely low dropout voltage and super-flat platform [J]. Nano-Micro Letters, 2020, 12 (1): 75.

[237] Xiao Xingchi, Liu Wenjie, Wang Kai, et al. High-performance solid-state Zn batteries based on a free-standing organic cathode and metal Zn anode with an ordered nano-architecture [J]. Nanoscale Advances, 2020, 2 (1): 296-303.

[238] Wang D, Li H, Liu Z, et al. A nanofibrillated cellulose/polyacrylamide electrolyte-based flexible and sewable high-performance $Zn-MnO_2$ battery with superior shear resistance [J]. Small, 2018, 14 (51): 1803978.

[239] Wang B, Li J, Hou C, et al. Stable hydrogel electrolytes for flexible and submarine-use Zn-ion batteries [J]. ACS Applied Materials & Interfaces, 2020, 12 (41): 46005-46014.

[240] Huang S, Wan F, Bi S, et al. A self-healing integrated all-in-one Zinc-ion battery [J]. Angewandte Chemie-International Edition, 2019, 58 (13): 4313-4317.

[241] Wang K, Zhang X, Han J, et al. High-performance cable-type flexible rechargeable Zn battery based on MnO_2@ CNT fiber microelectrode [J]. ACS Applied Materials & Interfaces, 2018, 10 (29): 24573-24582.

[242] Qiu Wenda, Li Yu, You Ao, et al. High-performance flexible quasi-solid-state $Zn-MnO_2$

battery based on MnO$_2$ nanorod arrays coated 3D porous nitrogen-doped carbon cloth [J]. Journal of Materials Chemistry A, 2017, 5 (28): 14838-14846.

[243] He Bing, Zhou Zhenyu, Man Ping, et al. V$_2$O$_5$ nanosheets supported on 3D n-doped carbon nanowall arrays as an advanced cathode for high energy and high power fiber-shaped Zinc-ion batteries [J]. Journal of Materials Chemistry A, 2019, 7 (21): 12979-12986.

[244] Wang M, Emre A, Tung S, et al. Biomimetic solid-state Zn^{2+} electrolyte for corrugated structural batteries [J]. ACS Nano, 2019, 13 (2): 1107-1115.

[245] Liu Zhuoxin, Wang Donghong, Tang Zijie, et al. A mechanically durable and device-level tough Zn-MnO$_2$ battery with high flexibility [J]. Energy Storage Materials, 2019, 23: 636-645.

[246] Leng Kaitong, Li Guojie, Guo Jingjing, et al. A safe polyzwitterionic hydrogel electrolyte for long-life quasi-solid state Zinc metal batteries [J]. Advanced Functional Materials, 2020, 30 (23): 2001317.

[247] Wang Zifeng, Ruan Zhaoheng, Ng Wing Sum, Integrating a triboelectric nanogenerator and a Zinc-ion battery on a designed flexible 3D spacer fabric [J]. Small Methods, 2018, 2 (10): 1800150.

[248] Li Hongfei, Tang Zijie, Liu Zhuoxin, et al. Evaluating flexibility and wearability of flexible energy storage devices [J]. Joule, 2019, 3 (3): 613-619.

[249] Huang Y, Zhong M, Huang Y, et al. A self-healable and highly stretchable supercapacitor based on a dual crosslinked polyelectrolyte [J]. Nature Communications, 2015, 6: 10310.